Vorwort

Heuer jährt sich der Wiener Kongress zum 200. Mal und Österreich blickt damit auf eine lange Geschichte als Ort bedeutsamer und wegweisender internationaler Konferenzen zurück. Das Bundeskanzleramt und das Österreichische Staatsarchiv nutzen dieses Jubiläum von 200 Jahren europäischer Geschichte, um im Rahmen der Ausstellung »Idee Europa – 200 Jahre Wiener Kongress« die Rolle Österreichs in diesem Kontext zu beleuchten.

Der Ausstellungsbesuch am Originalschauplatz im Bundeskanzleramt bietet den Besucherinnen und Besuchern die einzigartige Gelegenheit, Geschichte in jenem historischen Ambiente zu erleben, das auch heute noch im Zentrum des aktuellen politischen Geschehens in Österreich steht: Im Kongresssaal und den angrenzenden Repräsentationsräumen finden hochrangige Regierungstreffen und internationale Kongresse statt und hier werden auch die zentralen Entscheidungen der Republik gefällt.

Mit der Ausstellung »Idee Europa« sollen insbesondere die künftigen Gestalterinnen und Gestalter Europas angesprochen werden – Schülerinnen, Schüler und Lehrlinge ebenso wie Studentinnen und Studenten. Denn die Jugend Europas ist heute mehr denn je gefordert, sich im Spannungsfeld unterschiedlicher politischer Strömungen und kurzlebiger Trends Orientierung zu verschaffen. Die Ausstellung fördert Geschichtswissen, porträtiert frühere Staatenlenker Europas und vermittelt Werte wie demokratie- und gesellschaftspolitische Konsensfindung.

Ich möchte mich bei allen Mitarbeiterinnen und Mitarbeitern, bei den Ideengebern und Gestaltern für die Realisierung dieser wichtigen Ausstellung bedanken. Den Besucherinnen und Besuchern wünsche ich einen spannenden und erkenntnisreichen Ausstellungsbesuch am Schauplatz »Wiener Kongress«.

Dr. Josef Ostermayer
Bundesminister für Kunst und Kultur, Verfassung und Medien

Inhalt

Idee Europa – Inszenierung/Architektur

Eine Ausstellung an ungewöhnlichen Originalschauplätzen bedarf besonderer Sorgfalt und einer maßvollen Inszenierung, da die Räume nicht ausschließlich der Ausstellung zur Verfügung stehen, sondern auch Regierungsgeschäfte darin stattfinden. Das künstlerische Konzept gleicht einem Stationendrama in vier Teilen – artifizielle, intelligente Interventionen und Inszenierungen treten in produktiven Dialog mit der kostbaren historischen Substanz.

Station 1 am Ballhausplatz 2, »Der Kongress tagt«: Die Feststiege führt die BesucherInnen ins Herz der Macht, damals wie heute, über den »Congress Carpet« mit den Signaturen der wichtigsten Kongressteilnehmer, in einer künstlerischen Intervention mit großen Wandfolien der aus dem Justizpalast geretteten Metternichschen Geheimprotokolle. Im Steinsaal lädt eine vergoldete Tafel zum Dinner, in einer »Metaphorischen Konferenz« imaginiert eine hochrangige, fiktive Gesellschaft die weitreichende Wirkung des Wiener Kongresses. Im Kongresssaal findet sich das bedeutende Original der Schlussakte, eine Videosequenz zeigt unter anderem System und Raum der geheimen Mitschriften. Im Marmorecksalon wartet eine Auswahl der wichtigsten Verträge.

Über den Ballhausplatz wechselt man in die Station 2 in der Amalienburg, »Der Kongress wirkt«. Der Innenhof zeigt sich als »Europäisches Labyrinth« aus Grenzbalken der Vorkongresszeit, das in der Mitte dominiert wird durch die hölzerne Einhausung des Löwen von Aspern, vieldeutiges österreichisches Denkmal der Schlacht, die zwar Napoleons Verletzbarkeit vorführte, jedoch letztlich eine Niederlage für Österreich unter Erzherzog Karl bedeutete. Beginnend in einem kleinen, intimen Raum weiten sich nach und nach die Räume, ihre Wandflächen scheinen aufzubrechen, analog zu den Errungenschaften des Wiener Kongresses. Visionär nimmt die Wirkungsgeschichte Bedeutsames wie die Sklavenbefreiung oder eine »Europäische Friedensordnung«, aber auch die restaurativen Momente hin zur Gegenbewegung der bürgerlichen Revolution von 1848 vorweg. Ein bewegliches Projektionssystem scheint hier den Raum selbst in Bewegung zu setzen, ein neues Ausstellungsmittel, das in diesem Zusammenhang durchaus auch inhaltlich zu interpretieren ist. Gleichsam als Schritt ins Heute lässt die »Passage nach Europa« die Entstehung der EU medial nachvollziehen.

Danach öffnet sich der Weg in den Inneren Burghof, Station 3: Linker Hand lädt ein »Cinema-Tryptichon« zu »Der Kongress tanzt«, einem Film in drei verschiedenen Sprachen und mit großartigen Schauspielern. Quer über den Burghof durch das Schweizertor tretend, erreicht man mit der Hofburgkapelle die Station 4: »Der Kongress klingt«. Zum Ausklang finden sich hier die vergnüglichen und großen musikalischen Ereignisse während des Wiener Kongresses, zu erleben als Klanginszenierung in der Hofburgkapelle, aber auch als kostbares Original der Niederschrift Beethovens zu »Fidelio«.

Der Wiener Kongress: Ein Ereignis an vielen Orten

Der Kongresssaal im Bundeskanzleramt

Der Wiener Kongress fand gleichzeitig an vielen Lokationen in Wien statt: Verhandelt wurde in der Staatskanzlei am Ballhausplatz, dort gab es auch das eine oder andere Souper des »Außenministers« Metternich, in den Wohntrakten der Hofburg residierte die »imperiale« Wohngemeinschaft der gekrönten Häupter, in diversen Stadtpalais der engeren Umgebung hatten die großen Delegationen ihr Quartier, in den Festsälen der Hofburg gab man rauschende Empfänge und große Konzerte, in den Tanzsälen der Vorstadt spielte das abendliche »après congrès«, Schönbrunn erstrahlte immer wieder für große Events mit Publikumsbeteiligung, die Kirchen wurden für ostentative Gottesdienste genutzt …

Dieser Vielfalt trägt auch die Ausstellung Rechnung, indem sie mehrere Originalschauplätze als ihre Stationen nutzt – sie ist ebenso wenig auf einen Punkt und auf ein geschlossenes Raumensemble beschränkt wie das Ereignis, in dem sich die Idee Europa manifestierte.

Alles war gleichzeitig und das ist es auch in der Ausstellung. Der Standort Ballhausplatz wird in vier räumlich getrennten, aber inhaltlich eng verbundenen Stationen bespielt, die in sich auch noch verschiedene Elemente enthalten. Ausstellungsobjekte sind insbesondere die historischen Schauplätze: Allen voran die geheime Hof- und Staatskanzlei mit dem Kongresssaal und seiner

Peripherie, in der auch die »großen« Dokumente wie die Schlussakte des Kongresses gezeigt werden. Die Vorgeschichte, der historische und politische Kontext, Begleitumstände und Wirkungen sollen sich im Amalientrakt erschließen, in dessen Gästewohnung übrigens seinerzeit Zar Alexander logierte und im Parterre Stallungen untergebracht waren. Den Übergang zum heutigen Europa passieren wir im Durchgang zum Inneren Burghof – ganz bewusst wurde hier die Europäische Union eingeladen, den Weg nach Europa aus ihrer Perspektive einzubringen. In einer kleinen Station mitten im Reichskanzleitrakt der Hofburg »tanzt der Kongress«, indem die filmische Interpretation und Verfremdung des großen Ereignisses zum Gegenstand gemacht wird. Und schließlich führt eine kurze Promenade in die altehrwürdige Hofburgkapelle – auch sie ein wichtiger Originalschauplatz – zum Thema Musik, um erleben zu lassen, wie der Kongress »klingt«.

Viel zu oft wurde in der Literatur und in der allgemeinen Meinung das Ereignis von 1814/1815 auf dieselben zwei Vorurteile reduziert, die sein Image zu prägen scheinen: Der Kongress tanzte, aber brachte nichts zuwege und der konservative Metternich hat bloß eine Restauration der alten politischen Verhältnisse herbeigeführt.

Einen aktuellen Bezug zur heutigen Bedeutung des Wiener Kongresses stellt man nur selten her, eine Einordnung in das Leben der Großstadt Wien findet sich überhaupt nicht.

Beide Klischeebilder enthalten – wie jedes robuste Vorurteil – natürlich einen wahren Kern, gehen aber an der Realität weit vorbei. Die Ausstellung stellt hier wohl vieles richtig und beleuchtet manches neu, was seine Wirkung gegen die Vorurteile nicht verfehlen sollte: Man erfährt in ihren vielfältigen Teilen einiges über langfristige Ziele, Planungen und Maßnahmenpläne, über den gezielten und klugen Einsatz des Begleitprogramms zur Konferenz, über das Networking und Lobbying ganzer Scharen von Experten, Schranzen, Salondamen und Zuträgern, über die Dynamik einer Serie von Gipfeltreffen mit ihrer Vorbereitung durch Arbeitsgruppen und Beichtstuhlverhandlungen, über die Bereitschaft zu völkerrechtlichen Sanktionen und zur Korrektur innereuropäischer Grenzen, über die Wichtigkeit einzelner für ganz Europa charismatischer Individuen in einer labilen historischen Situation.

Alle Orte, alle Gebäude, alle Höfe und alle Räume der Ausstellung sind gleich wichtig. In welcher Reihenfolge man sie besucht, ist für das Verständnis nicht wichtig. Wichtig ist, dass man sie alle gesehen hat. In ihrer Verschiedenheit und durch die physische Erlebbarkeit ihrer Topografie und ihres Ambientes sollten sie am Ende ein Gesamtbild ergeben, das ohne externe Interpretation der historischen Realität nahe kommt.

Zur Aktualität des Wiener Kongresses

Man kann den Kongress ganz treffend mit heutigem EU-Vokabular beschreiben: Wien war wahrlich die Kulturhauptstadt Europas in diesem »Vorsitzjahr«; strategische Konzepte, politische und wirtschaftliche Interessen wurden den Staats- und Regierungschefs in professioneller Weise nahe- und von diesen in die Verhandlungen eingebracht.

Die Arbeitsmethodik – physisches Zusammensitzen vieler Personen aus verschiedenen Staaten in einer aufsteigenden Folge von Treffen – ist heute in der EU noch dieselbe. Der Gedanke der Supranationalität, von Normen auf einer Ebene oberhalb der Staaten – die zuvor das Rechtsetzungsmonopol hatten – entwickelte sich vom Ballhausplatz bis ins 20. Jahrhundert kontinuierlich weiter. Und dass die EU manche innereuropäische Grenzen mit Schengen erfolgreich beseitigt hat, um sie an anderer Stelle teilweise widersinnig neu zu schaffen, hat sie auch mit dem Kongress gemein. Das ganze kostete übrigens ungefähr so viel wie heute eine Ratspräsidentschaft der EU, dauerte ähnlich lange, arbeitete in demselben Format und wurde so wie heute von Steuerzahlern widerspruchslos bezahlt.

Man muss aber auch unter diese Oberfläche der Erscheinung gehen und fragen, welche Wirkungen und Bedeutung die Prinzipien des Kongresses für das aktuelle politische Europa haben: Eine gemeinsame Überzeugung stand wohl am Beginn – es schien möglich, eine fundamentale Krise als Chance zu begreifen. Die Kriege mit ihren Folgen und die innere wie externe Destabilisierung der europäischen Staaten ermöglichten es, gemeinsame Initiativen zu setzen, die davor und ohne jenen gewaltigen Einschnitt in Wirtschaft, Staatengefüge und Gesellschaft kaum möglich gewesen wären – eine umfassende Neuordnung des ganzen Kontinents.

Der Kongress bewies weiters: Kooperatives Handeln ist in Europa möglich. Nicht nur die einzelnen Staaten konnten Träger politischer Entscheidungen sein, es gab über deren Wirkungsbereich hinaus noch weitere Möglichkeiten, die zuvor kaum erkannt und so gut wie nie genutzt worden waren.

Es zeigte sich sodann: Diplomatie und Recht können durchaus auch bewirken, was davor nur durch den Einsatz von Armeen zustande gekommen war. Es konnten die Eroberungen Frankreichs rückgängig gemacht werden, ohne dass man dies auf einem Schlachtfeld erzwingen musste. Man konnte sich und anderen eine neue Ordnung geben und dabei militärische Gewalt vermeiden. Es würde künftig vielleicht möglich sein, Konflikte diplomatisch zu lösen, ja sogar ihnen vorzubeugen.

Dies war eine neue politische Qualität – das Instrument war eine neue Kategorie von Normen, nämlich supranationales Recht, das von Staaten gemeinsam gesetzt wurde, danach aber für sie verbindliche Wirkung auch dort entfaltete, wo sie nicht zustimmten. Dies galt sowohl für Gesamteuropa als auch – mit noch dichteren Regelungen – für Teile des Kontinents, wie etwa die Kleinstaaten im Deutschen Bund. Eine variable Geometrie der europäischen politischen Organisation also – ein sehr modernes Bild.

Neues Völkerrecht entstand, zum ersten Mal als kompaktes, detailliertes Regelwerk. Es legte nicht nur Staaten und deren Grenzen fest, sondern auch Regeln für den Alltag des Zusammenlebens auf diesem engen und politisch so reich gegliederten Kontinent: Die Freiheit der internationalen Flussschifffahrt und das Gesandtschaftsrecht mögen als Belege dienen. Und der Wiener Kongress hatte auch einen wichtigen Einfluss auf die

Festlegung von allgemeingültigen Grundrechten in Europa: Die Ächtung der Sklaverei im Artikel 118 der Kongressakte.

Der Kongress brachte neue Denkrichtungen in die internationale Politik, die für unser heutiges Europa noch immer von Bedeutung sind. Es wurde klar, dass es eine gemeinsame europäische Identität gibt, der manches unterzuordnen ist. Man ging davon aus, dass eine Hegemonie der Politik über die Wirtschaft und Gesellschaft Sinn macht. Man war fest davon überzeugt, dass nach Unsicherheit und Krieg Frieden möglich ist, wenn man gemeinsame Festlegungen trifft. Man nahm an, dass langfristige Planung dauerhaft Frieden sichern kann. Dass das besiegte Frankreich wieder in das Konzert der Großmächte aufgenommen wurde, zeigt dies ebenso wie das auf Gleichgewicht ausgerichtete System der Pentarchie.

Immerhin schuf der Kongress eine lange Zeit stabilen Friedens. Erstmals konnten die Menschen in Europa ohne Krieg heranwachsen und erwachsen werden. Denn bis zum Krimkrieg in den frühen 1850ern blieb Europa von Kriegen zwischen den Großmächten für mehr als 35 Jahre verschont. Das war eine Großtat nach 30 Kriegen im 17. und fünfzehn im 18. Jahrhundert und nach den 17 Jahren der Napoleonischen Kriege; nach zwei Jahrhunderten, in denen es immer eine ganze Handvoll Kriegsschauplätze in Europa gleichzeitig gab, lebte erstmals eine ganze Generation in Frieden.

Dies ist wohl die wichtigste Botschaft, die der Wiener Kongress der europäischen Entwicklung hinterließ: Ein dauerhaftes Friedensprojekt ist auf diesem Kontinent machbar, wenn die Staaten supranationales Recht setzen, das sie zumindest dort bindet, wo der Gefahr gewaltsamer Konflikte vorgebaut werden kann. Dafür muss man zwar bisweilen viele Verhandlungen, eine groß angelegte Inszenierung und die Präpotenz von Einzelinteressen in Kauf nehmen. Insgesamt aber lohnt es sich, einen solchen Weg zu gehen. Er ist besser als der Aufbau von Feindbildern und Nationalismen, deren man – siehe Ukraine – vielleicht nicht mehr Herr wird.

Versammlung bedeutender Staatsmänner zur Zeit des Wiener Kongresses, von links nach rechts: Talleyrand, Montgelas, Hardenberg, Metternich, Gentz

Zum Untergang des alten Europa

Der Wiener Kongress der Jahre 1814/15 hat, in Reaktion auf die dramatischen Erschütterungen der Französischen Revolution und der Napoleonischen Kriege, ein hoch komplexes, bis ins letzte Detail ausbalanciertes, diplomatisch akribisch abgestimmtes europäisches Staatensystem geschaffen.

Die Erstürmung der Bastille während der Französischen Revolution

Die größte diplomatische Versammlung aller Zeiten unternahm die Neuordnung Europas gemäß den Prinzipien eines Gleichgewichts der Kräfte und der unhinterfragten monarchischen Legitimität. Damit wurde eine stabile, langfristig währende europäische Friedenskonstellation grundgelegt – wenn auch um den Preis innerer polizeistaatlicher Repression und einer Hegemonie Russlands über Ost- und Südosteuropa.

Prolog

Die Französische Revolution hatte dem feudal-absolutistischen europäischen Machtgefüge das aus der Aufklärungsphilosophie entwickelte bürgerliche Naturrecht gegenübergestellt; die darauf basierenden Forderungen nach einer Neugestaltung der Gesellschaft waren fundamental und von eruptiver Gewalt. Die Menschen- und Bürgerrechte proklamierten die Gleichheit aller Staatsbürger vor dem Gesetz und die Freiheit des Individuums. Die Gesetzgebung sollte einer gewählten Volksvertretung überantwortet, Gutsherrschaft und Zünfte aufgehoben, die Privilegien des Adels und der Kirche für nichtig erklärt werden. Im Namen dieses Rechts hat das revolutionäre Frankreich den Krieg gegen das Ancien Régime geführt und die überkommene gesellschaftliche Ordnung hinfällig werden lassen: In den Napoleonischen Kriegen zerfällt das Heilige Römische Reich, die aus der Revolution hervorgegangene bürgerliche Rechtsordnung wird europaweit installiert.

Mit der finalen militärischen Niederlage des Erben der Revolution setzt erneut eine umfassende Restauration ein, wenn auch keinesfalls im Wege einer simplen, gleichsam »analogen« Wiederaufrichtung der alten Verhältnisse. Es galt, die Verheerungen und Verwüstungen eines zwei Jahrzehnte währenden Krieges zu bewältigen. Die Motivation war klar: Eine weitere kriegerische Auseinandersetzung hätte mit großer Wahrscheinlichkeit in das Desaster einer auf dem französischen Modell basierenden gesamteuropäischen Revolution gemündet, die Schaffung einer möglichst stabilen Friedensordnung war demgemäß von größter Dringlichkeit. Befördert durch die kurzfristige und überaus bedrohliche Rückkunft Napoleons für 100 Tage gelangte der Kongress zu effizienten, pragmatischen, erstaunlich erfolgreichen Ergebnissen; die Schlussakte wurde wenige Tage vor Waterloo unterzeichnet. Bis hin zu den Balkankriegen der Jahre 1912–13, die ihrerseits den ersten globalen Vernichtungskrieg einleiteten, blieben die militärischen Konflikte das gesamte 19. Jahrhundert über weitgehend regional begrenzt. Der Wiener Kongress entwickelte ein Handlungsrepertoire des Krisenmanagements und der Friedenssicherung, das, nicht ohne Berechtigung, als historische Berufungsinstanz für Instrumentarien und Institutionen der Europäischen Union gelten kann.

Napoleon zu Fontainebleau am 31. März 1814, nach Empfang der Nachricht vom Einzug der Alliierten in Paris

Die Etablierung einer europäischen Friedensordnung dieser Dimension hatte allerdings die Gleichbehandlung des besiegten Frankreich – dem erneut Großmachtstatus zuerkannt und dessen territoriale Ausdehnung im Wesentlichen in den Grenzen von 1789 belassen wurde – zur Voraussetzung. Die wesentliche Kolonialmacht der Zeit, Großbritannien, entwickelte am europäischen Kontinent kaum territoriale Ambitionen, von zwei höchst unpopulären Maßnahmen abgesehen: Der Transfer Norwegens zu Schweden (auf Kosten Dänemarks) und, als »kontinentale Barriere« gegen Frankreich, die Vereinigung Hollands und Belgiens (der ehemaligen österreichischen Niederlande) zu einem Staat. Die britische Kontrolle über Helgoland, Malta, die Ionischen Inseln und, de facto, Sizilien ist hingegen eindeutig ökonomischen Interessen geschuldet.

Das zaristische Russland wiederum konnte – in Entsprechung der aktuellen militärischen Kräfteverhältnisse – mit Finnland, Bessarabien und wesentlichen Teilen Polens die bedeutendsten Gebietsgewinne für sich verbuchen. Seinen Bündnispartnern in der 1815 formierten Heiligen Allianz, Preußen und Österreich, kam vornehmlich innereuropäische Stabilisierungsfunktion zu. Preußen erwarb wohlhabende, am Sprung zur industriellen Moderne stehende Territorien mit bedeutendem ökonomischem Entwicklungspotenzial (linksrheinische Gebiete und große Teile Sachsens), und stieg damit endgültig in die Reihe der europäischen Großmächte auf. Österreich übte die Herrschaft in Italien aus, die Lombardei und Venezien wurden österreichische Provinzen, die Toskana, Parma, Modena von österreichischen Erzherzögen regiert, der Kirchenstaat und Neapel standen unter habsburgischem Einfluss. Bedroht durch die nationalliberalen Bewegungen des italienischen und des deutschen Bürgertums sowie des polnischen Kleinadels und der magyarischen Gentry, stellte sich Österreich im Bündnis mit Preußen und Russland an die Spitze der europäischen Reaktion. Die Allianz bekämpfte die revolutionären Bewegungen in Italien, Spanien, Griechenland und organisierte die Verfolgung der liberalen Literatur und der jungen nationalen Intelligenz. Das Junge Europa (Guiseppe Mazzini, Lajos Kossuth) setzte sich die Herstellung eines freien Deutschland, Italien, Polen und Ungarn auf den Trümmern Österreichs zum Ziel.

Wirkung

Unter der Führung des Reichskanzlers Metternich und ganz in der Tradition der aristokratischen Geheimdiplomatie erarbeitete der Wiener Kongress ein für die Beziehungen zwischen den europäischen Großmächten verpflichtendes rechtliches Regelwerk, das später so bezeichnete jus publicum europaeum. Auf der Grundlage des Kräftegleichgewichts der Großmächte und deren wechselseitiger Neutralisierung konnte sich ein hundertjähriger, wenn auch von begrenzten militärischen Auseinandersetzungen kontinuierlich durchsetzter Frieden entwickeln – ein europäisches Konzert der sensiblen Balance und des Ausgleichs unterschiedlicher staatlicher, sozialer und ökonomischer Interessen.

Dazu tritt ein weiterer, entscheidender Aspekt: Das nach 1815 in veränderter Form nachlebende Ancien Régime verschließt sich alles in allem nicht den Anforderungen und Bedürfnissen einer sich formierenden industriellen Moderne (wie etwa die Kongress-Debatten um eine freie Flussschifffahrt oder die Abschaffung des Sklavenhandels eindrucksvoll belegen). Und eben dadurch kommt das statische, stabilitätsfixierte Denk- und Handlungsmodell Kongresseuropas in einen unauflöslichen Widerspruch zu einer immer dominanter werdenden, marktdominierten, kapitalistischen Ökonomie. Das Eindringen der »bürgerlichen Zivilisation«, so der junge Friedrich Engels in einer brillanten Polemik, lasse das System Metternich schlicht in sich zerfallen. Eine Ära nicht endenwollender Widersetzlichkeit stellt dem Legitimitätsprinzip, dem Polizeistaat und der biedermeierlichen Repression das Ideal der demokratischen Selbstbestimmung entgegen. Sie bringt das erstmalige Auftreten einer eigenständigen, selbstorganisierten Arbeiterbewegung sowie das massenhafte Wirksamwerden von nationalen und nationalstaatlichen Strömungen. Sie findet in der von den Stimmen der städtischen Armut, der kleinen Farmer und der Frontiersmen getragenen Ära der Präsidentschaft Andrew Jacksons ihr »radikaldemokratisches« nordamerikanisches Pendant, und zeitigt bemerkenswerte Fernwirkungen in Form nationaler Befreiungsbewegungen und ländlicher Guerilla in Südamerika (Simón Bolívar).

Im europäischen Osten steht sie in einem direkten Zusammenhang mit der seit langem latenten Krise des Osmanischen Reiches. Der nahezu mythisch überhöhte griechische Freiheitskampf wird zu einem zentralen Topos der jungen europäischen Romantik und der Balkan gilt fortan als jenes hoch explosive Pulverfass, als das er sich im Vorfeld und Verlauf des Ersten Weltkriegs dann tatsächlich erweisen sollte. Das revolutionäre Epizentrum Frankreich entledigt sich endgültig der restaurierten Bourbonen, in Belgien, das seine Unabhängigkeit erringt, siegt die liberale Revolution, weite Teile Deutschlands, Italiens, der Schweiz werden tief erschüttert, Portugal und Spanien finden sich in einem von klerikalen Kräften gegen den Liberalismus geführten Bürgerkrieg, die irische Frage wird erneut (und dauerhaft) aktualisiert. In Ungarn setzt, nach dem Beispiel Italiens und Deutschlands und unter der Führung der magyarischen Gentry, eine breite Bewegung zur (Wieder-)Erlangung der nationalen Selbstständigkeit ein. Der polnische Adel sucht die Unabhängigkeit des Landes in mehreren Aufständen zu erkämpfen, so 1830/31 in Russisch-Polen unter dem ehemaligen Berater des Zaren, Fürst Adam Jerzy Czartoryski. Fünfzehn Jahre später kommt es in Galizien zum Aufstand.

Epilog

Die Tragödie des Bauernaufstandes in Galizien 1846 und der im November 1847 einsetzende Schweizer Bürgerkrieg (Sonderbundskrieg) bilden dann den Auftakt zum gesamteuropäischen Revolutionsjahr 1848. Beinah zeitgleich brach die Revolution in Frankreich, Italien, den Deutschen Staaten, dem Habsburgerreich aus, spontan und in allgemeiner Erhebung. Von Frankreich bis an die Grenzen des zaristischen Russland, von Berlin über Wien bis Palermo wurden überall dieselben Forderungen erhoben: Konstitution und Parlament, bürgerliche Freiheitsrechte, nationale Selbstbestimmung, Aufhebung der bäuerlichen Untertänigkeit.

1848 brachte das endgültige Ende des Feudalismus und das Bürgertum an die Macht, die ersten Ansätze sozialer Gesetzgebung und lange überfällige Strafrechtsreformen, Rede-, Versammlungs- und Medienfreiheit. Republik, Demokratie und Verfassungsstaat sind direktes Erbe dieses Jahres. Sie haben in den aktuellen europäischen Wertekanon ebenso Eingang gefunden wie die Kongressprinzipien der Transnationalität und des internationalen Krisenmanagements.

1848 bezeichnet aber auch die ersten, überaus folge- und wirkungsmächtigen Einbrüche in das Wiener System Kongresseuropas. Seinen letztendlichen Zusammenbruch erfährt dieses System schließlich in der kollektiven Gewalt des Ersten Weltkriegs, als die ein Jahrhundert davor mit der Schlussakte des Wiener Kongresses geschaffene europäische Staaten- und Friedensordnung zu einem apokalyptischen Ende kommt.

A1 Der Löwe von Aspern

Der Löwe von Aspern erinnert an die gefallenen Soldaten der Schlacht bei Aspern

Der Löwe von Aspern symbolisiert auf einzigartige Weise das Leiden und den Tod auf dem Schlachtfeld, erinnert zugleich aber auch an den erstmals besiegten Kaiser der Franzosen, Napoleon I. Die Sandsteinskulptur vor der Pfarrkirche St. Martin in Wien-Aspern wurde von Anton Dominik Fernkorn (1813 – 1878) geschaffen und am 21. Mai 1859 anlässlich des fünfzigjährigen Jubiläums der Schlacht bei Aspern feierlich enthüllt. Als Standort wählte man diesen Platz, da die Kirche damals im Brennpunkt der Schlacht lag. Der Bildhauer und Bildgießer Fernkorn genoss schon zu Lebzeiten einen großen Bekanntheits- und Berühmtheitsgrad und gestaltete unter anderem auch die beiden Reiterdenkmäler von Prinz Eugen und Erzherzog Karl am Heldenplatz.

Die überlebensgroße Skulptur eines sterbenden Löwen liegt auf einem Imperatorenmantel, zwischen den Vorderpranken befindet sich ein napoleonischer Adler und an der linken Körperseite Feldzeichen. Der Löwe ist von einer Lanze durchbohrt, deren Spitze hinter dem linken Schulterblatt des Tieres unterhalb der Mähne herausragt. Die Skulptur ruht auf einem Steinsockel mit Eichenlaubgirlande und der Inschrift: »Dem Andenken der am 21. und 22. Mai 1809 ruhmvoll gefallenen oesterreichischen Krieger«. Der Sieg wird bei diesem Denkmal durch die Trophäen, die unter der riesigen Löwenpranke fast verschwinden, nur angedeutet. Dagegen dominiert der Todeskampf und die Trauer, die für beide aufeinandertreffenden Parteien – wie bei jedem Krieg – sehr schmerzlich waren, die Aussage des Denkmals.

Um den empfindlichen Sandstein vor Eis und Schnee zu schützen, wird das Monument jährlich im Winter von einer Holzhütte umgeben, welche im Frühjahr wieder abgebaut wird. Für das interessierte Publikum, das von diesen Umständen nichts weiß und das Denkmal sucht, wird als Ersatz ein Plakat mit einer Abbildung des Denkmals auf der Holzhütte angebracht.

Kaiser & Kaiser

Napoleon I. gratuliert Kaiser Franz I. von Österreich zur Annahme der österreichischen Kaiserwürde

Im Jahr 1804 errichtete Napoleon I. ein erbliches französisches Kaisertum. Kaiser Franz II. fürchtete begründet um den Fortbestand des Heiligen Römischen Reiches und damit auch um seinen Kaisertitel und sah sich daher veranlasst, ein österreichisches Erbkaisertum zu schaffen. Das Patent zur Annahme des österreichischen Kaisertitels regelte dann, dass der österreichische Kaisertitel nach dem Titel des erwählten römisch-deutschen Kaisers angeführt werden sollte. Aus heutiger Sicht wirkt das Schreiben Napoleons an Kaiser Franz, mit dem er ihm zur Annahme der österreichischen Kaiserwürde gratuliert, etwas seltsam, hatte doch gerade seine Politik dazu geführt, dass das österreichische Kaisertum überhaupt geschaffen wurde. Andererseits kann man es als Akt der Courtoisie deuten, die unter gekrönten Häuptern nicht unüblich war.

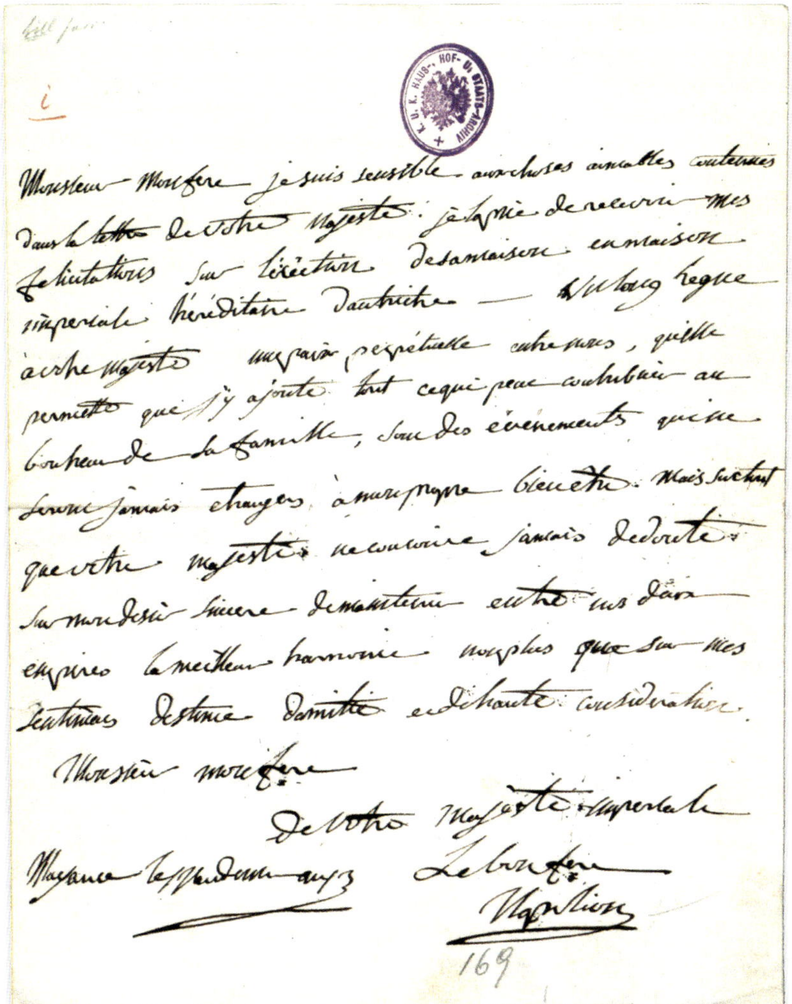

Brief Napoleons I. an Kaiser Franz I. vom 23. September 1804.

Signatur: ÖStA / HHStA, Hausarchiv, Ministerium des kaiserlichen Hauses, Titel und Wappen 2, fol. 169

Über Aspern und Wagram zum Frieden von Schönbrunn

A3 A4

Rechts: Napoleon in der Schlacht von Wagram, 5./6. Juli 1809, in der er die Österreicher unter Erzherzog Karl besiegte

Unten: Der Friede von Schönbrunn besiegelte die österreichische Niederlage gegen Napoleon. Signatur: Österreichisches Staatsarchiv, Haus-, Hof- und Staatsarchiv AUR 1809 X 14

Im April 1809 erklärt Österreich dem napoleonischen Frankreich den Krieg

Auf Unterstützung der anderen europäischen Mächte konnte es dabei nicht zählen. Der österreichische Staatskanzler, Johann Philipp Graf Stadion, hoffte auf die Unterstützung der deutschen Rheinbundstaaten, der »nationale Befreiungskrieg« blieb aber eine Illusion. Das »Österreichische Kriegsmanifest«, das Ende März 1809 zum Befreiungskrieg der deutschen Staaten gegenüber Napoleon aufgerufen hatte, fand bei den Mitgliedern des Rheinbunds keinen Widerhall. So stand die österreichische Armee den napoleonischen Truppen alleine gegenüber. Der von österreichischer Seite für vier Kriegsschauplätze – Bayern, Italien, Polen und Tirol – angelegte Feldzug war von wechselndem Kriegsglück geprägt. Am 21./22. Mai 1809 wurde Napoleon in der Schlacht bei Aspern von den Truppen unter Erzherzog Karl geschlagen. Es war seine erste militärische Niederlage. Jedoch gelang es Karl nicht, den Sieg zu nutzen und Napoleon konnte seine Armee über die Donau nach Norden bringen. Am 5./6. Juli kam es zur Schlacht bei Wagram, die durch den Rückzug Karls aus der unentschiedenen Auseinandersetzung endete. Ohne Rücksprache mit Kaiser oder Staatskanzler vereinbarte er einen Waffenstillstand. In der Folge kapitulierte auch die Politik. Gegen Stadions Rat nahm Kaiser Franz I. die Friedensbedingungen Napoleons an.

Der Schönbrunner Friede vom 14. Oktober 1809 brachte Österreich riesige Gebietsverluste

So musste es etwa Salzburg, das Innviertel, Tirol und Vorarlberg an Bayern, Görz, Monfalcone, Triest, Krain und Villach an Italien, Westgalizien und Krakau an das Herzogtum Warschau und Teile Ostgaliziens an Russland abtreten. Auch Reparationszahlungen in der Höhe von 85 Millionen Francs wurden festgelegt. Der Friede verlor seine Gültigkeit durch die erneute Kriegserklärung Österreichs an Frankreich am 12. August 1813. Das hier abgebildete Dokument ist die Ratifikation des Friedensschlusses durch Napoleon.

A5 Krieg & Frieden

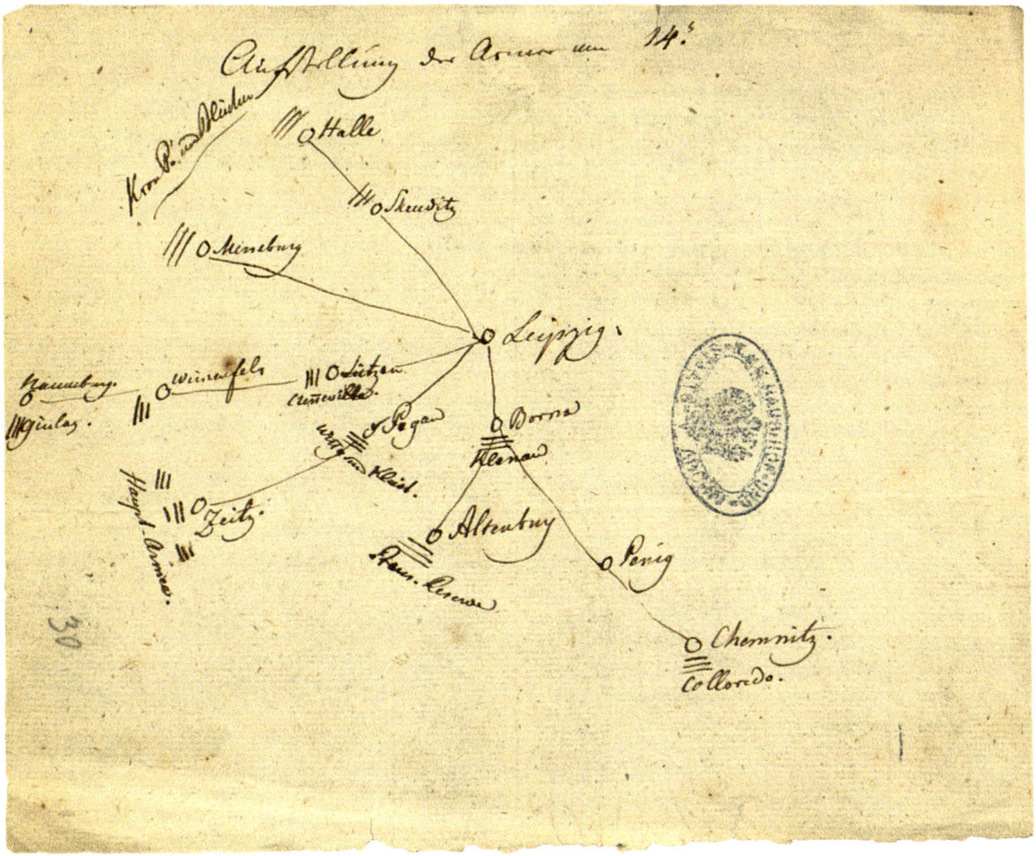

Eigenhändige Planskizze des Grafen Metternich zum Aufmarsch der alliierten Armeen vor der Völkerschlacht bei Leipzig

Signatur: AT-OeStA/HHStA StK Vorträge 194, Konv. 1813 X-XII, fol. 30

Krieg und Frieden lösten sich in der Zeit zwischen 1789 und 1815 beinahe andauernd ab. Wechselnde Allianzen, verheerende Niederlagen für die österreichischen Armeen, der Zerfall des Heiligen Römischen Reiches, der Untergang der Grande Armée in Russland und am Ende die Niederlage Napoleons prägten eine ganze Epoche. Die Staatenlenker nahmen damals noch selbst Anteil am Kampf, wie die hier präsentierte, von Staatskanzler Metternich selbst gezeichnete Skizze, beweist.

A6 Vor dem Wiener Kongress

Französische Ratifikation des Ersten Pariser Friedens

Signatur: Österreichisches Staatsarchiv, Haus-, Hof- und Staatsarchiv AUR 1814 V 30

Die Zeit ab dem Ausbruch der Französischen Revolution 1789 bis zum Ende des Wiener Kongresses im Jahr 1815 war für Österreich eine Epoche dauernder kriegerischer Auseinandersetzungen mit Frankreich. Mit eben jenem Frankreich, mit dem Österreich zum Zeitpunkt des Ausbruchs der Revolution durch das gegenseitige Defensivbündnis von 1756 noch verbündet gewesen war. Gleichzeitig regierte in Wien mit Kaiser Leopold II. ein Herrscher, der sich recht wenig für das Schicksal seiner Schwester, der französischen Königin Marie Antoinette, interessierte. Er präferierte eine sachliche Realpolitik gegen Frankreich. Sein früher Tod im Jahr 1792 beendete eine für Österreich untypische Reformära, die seit dem Antritt seiner Mutter Maria Theresia und der Herrschaft seines Bruders Joseph II. beinahe fünfzig Jahre angedauert hatte. Sein Nachfolger Kaiser Franz II. war nun alles andere als ein Reformer, Sympathie für die Ziele der Französischen Revolution konnte man ihm nicht unterstellen. Nachdem das revolutionäre Frankreich Österreich den Krieg erklärt hatte, begann die lange Reihe der Koalitionskriege, die anfangs Erfolge der antifranzösischen Koalition brachten, allerdings nach der Kanonade von Valmy im September 1792 zum Rückzug der alliierten Heere und schließlich zur Besetzung Belgiens und zum Verlust der linksrheinischen deutschen Gebiete führte. In weiterer Folge sollten die kriegerischen Auseinandersetzungen beinahe ununterbrochen am Kontinent toben, mit unzähligen militärischen und zivilen Opfern. Das revolutionäre Frankreich, am Ende transformiert in ein französisches Kaisertum unter der Führung Napoleons, eilte von Sieg zu Sieg und brachte zuerst das alte Heilige Römische Reich zur Strecke und in weiterer Folge beinahe auch das neugegründete österreichische Kaisertum. Nach der österreichischen Niederlage von 1809 brachten die Bestimmungen des am 14. Oktober 1809 in Schönbrunn abgeschlossenen Friedens umfangreiche Gebietsverluste: Salzburg, das Innviertel, Teile des Hausruckviertels gingen an Bayern, Osttirol, die Kärntner Gebiete südlich der Drau, die Krain, Kroatien südlich der Save wurden mit Istrien und Dalmatien, die bereits 1805 verloren gegangen waren, als »Illyrische Provinzen« unter französischer Herrschaft zusammengefasst. Österreich hatte seinen Zugang zum Meer verloren. Ebenfalls eine Bedingung des Friedens war, dass man die Unterstützung für die um ihre Freiheit kämpfenden Tiroler einstellen musste. Die langfristigen Folgen für das Land Österreich und seine Bevölkerung

waren katastrophal, 1811 kam es zu einem Staatsbankrott, die »Militärausgaben des 18. und frühen 19. Jahrhunderts, besonders der Napoleonischen Kriege, führten zu einem strukturellen Defizit, das die österreichischen Staatsfinanzen bis weit ins 19. Jahrhundert prägen sollte«, wie der Historiker Peter Rauscher schreibt. So mag man am Ende zwar das revolutionäre Frankreich und das System Napoleon besiegt haben, die Kosten dafür waren aber immens und sollten die staatliche Entwicklung Österreichs noch lange Zeit hemmen

Karte von Europa 1789 bis 1811

Die Karte zeigt die größte Ausbreitung von Frankreich unter napoleonischer Herrschaft, im Norden bis nach Dänemark und im Süden bis in die Mitte Italiens reichend. Deutschland besteht aus den Königreichen: Westfalen, Sachsen, Württemberg, Bayern und Preußen. Im Norden sehen wir die Union von Dänemark, Norwegen und Island. Durch Abtretung der Lombardei und Venedig und durch die Schaffung des Königreichs Illyrien wird das Kaisertum Österreich zum Binnenland ohne Meeresküste. Die Karte stammt aus dem Atlas »Tabula geographica Europae« von C. Kruse.

Während des Wiener Kongresses

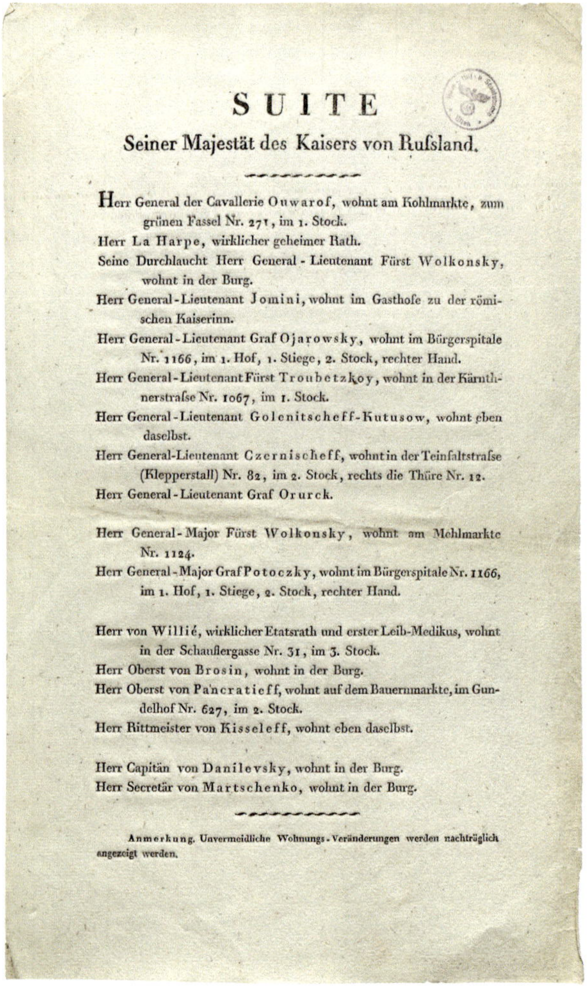

SUITE

Seiner Majestät des Kaisers von Rufsland.

Herr General der Cavallerie Ouwarof, wohnt am Kohlmarkte, zum grünen Fassel Nr. 271, im 1. Stock.

Herr La Harpe, wirklicher geheimer Rath.

Seine Durchlaucht Herr General-Lieutenant Fürst Wolkonsky, wohnt in der Burg.

Herr General-Lieutenant Jomini, wohnt im Gasthofe zu der römischen Kaiserinn.

Herr General-Lieutenant Graf Ojarowsky, wohnt im Bürgerspitale Nr. 1166, im 1. Hof, 1. Stiege, 2. Stock, rechter Hand.

Herr General-Lieutenant Fürst Troubetzkoy, wohnt in der Kärnthnerstrafse Nr. 1067, im 1. Stock.

Herr General-Lieutenant Golenitscheff-Kutusow, wohnt eben daselbst.

Herr General-Lieutenant Czernischeff, wohnt in der Teinfaltstrafse (Klepperstall) Nr. 82, im 2. Stock, rechts die Thüre Nr. 12.

Herr General-Lieutenant Graf Orurck.

Herr General-Major Fürst Wolkonsky, wohnt am Mehlmarkte Nr. 1124.

Herr General-Major Graf Potoczky, wohnt im Bürgerspitale Nr. 1166, im 1. Hof, 1. Stiege, 2. Stock, rechter Hand.

Herr von Willié, wirklicher Etatsrath und erster Leib-Medikus, wohnt in der Schauflergasse Nr. 31, im 3. Stock.

Herr Oberst von Brosin, wohnt in der Burg.

Herr Oberst von Pancratieff, wohnt auf dem Bauernmarkte, im Gundelhof Nr. 627, im 2. Stock.

Herr Rittmeister von Kisseleff, wohnt eben daselbst.

Herr Capitän von Danilevsky, wohnt in der Burg.

Herr Secretär von Martschenko, wohnt in der Burg.

Anmerkung. Unvermeidliche Wohnungs-Veränderungen werden nachträglich angezeigt werden.

Quartierliste der Suite Zar Alexanders I. von Russland in Wien
Signatur: Österreichisches Staatsarchiv, Haus-, Hof- und Staatsarchiv OMEA NZA 318

Die Unterbringung der ausländischen Monarchen und ihres Gefolges stellte ein großes logistisches Problem dar, welches unter der Führung von Obersthofmeister Fürst Trauttmansdorff gelöst werden musste. Da die Appartements in der Hofburg nur Platz für die Unterbringung der anreisenden Kaiser und Könige boten, mussten die übrigen Mitglieder der Suiten in Privatquartieren in der näheren Umgebung der Hofburg untergebracht werden, wobei sowohl in der Burg als auch in den Privatwohnungen auf den Rang des Einzuquartierenden sowie auf das Zeremoniell Rücksicht genommen werden musste.

In der Burg wohnten neben den Monarchen meist nur ihre engsten Vertrauten – Generaladjutanten und Sekretäre – sowie ihre Kammerdiener, wobei diese meist in eine Wohnung eines Hofbediensteten derselben Rangstufe einquartiert wurden. Um den Überblick über die in Wien wohnenden ausländischen Gäste zu behalten, wurden monatlich gedruckte »Beherbergungslisten« herausgegeben.

Beispielhaft ist hier die Liste für die Suite des Kaisers von Russland zu sehen. Der Kaiser wohnte mit seiner Gemahlin im Schweizer Trakt in der Althan'schen Wohnung und in den angrenzenden Alexanderzimmern. Von seinem Gefolge wohnten vier Personen in der Burg, es waren der Generalleutnant Fürst Wolkonsky, Oberst von Brosin, Kapitän von Danilevsky und der kaiserliche Sekretär von Marcenko. Die übrigen 15 Personen wurden an unterschiedlichen Standorten sowohl in Gasthäusern als auch in Privatwohnungen einquartiert.

Über Napoleons Exil und Wiederkehr

Der österreichische Diplomat und Staatsmann Johann Philipp von Wessenberg (1773 – 1858) hinterließ historisch bedeutsame Aufzeichnungen zu den Ereignissen der großen Politik seiner Zeit, geschrieben aus der Perspektive eines aktiven Teilnehmers. In seinem Notizbuch aus dem Jahr 1853 beschäftigte er sich anhand der soeben erschienenen Memoiren des englischen Staatsmannes Lord Castlereagh erneut mit den Umständen, wie es zur Festlegung der Insel Elba als Exil für Napoleon kam. Demnach sei es Zar Alexander gewesen, der die Insel vorgeschlagen und auf ihr bestanden hätte. Talleyrand sei strikt gegen diese schlechte Wahl gewesen; Metternich kam zu spät nach Paris, um noch etwas ändern zu können.

Nach seiner Abdankung am 12. April 1814 hatte Napoleon die Insel Elba als Exil zugewiesen bekommen, am 27. April traf er auf Elba ein, wo er in den folgenden Monaten über einen Staat mit 10.000 Einwohnern und eine Armee von 1.000 Mann herrschte und eine umfangreiche

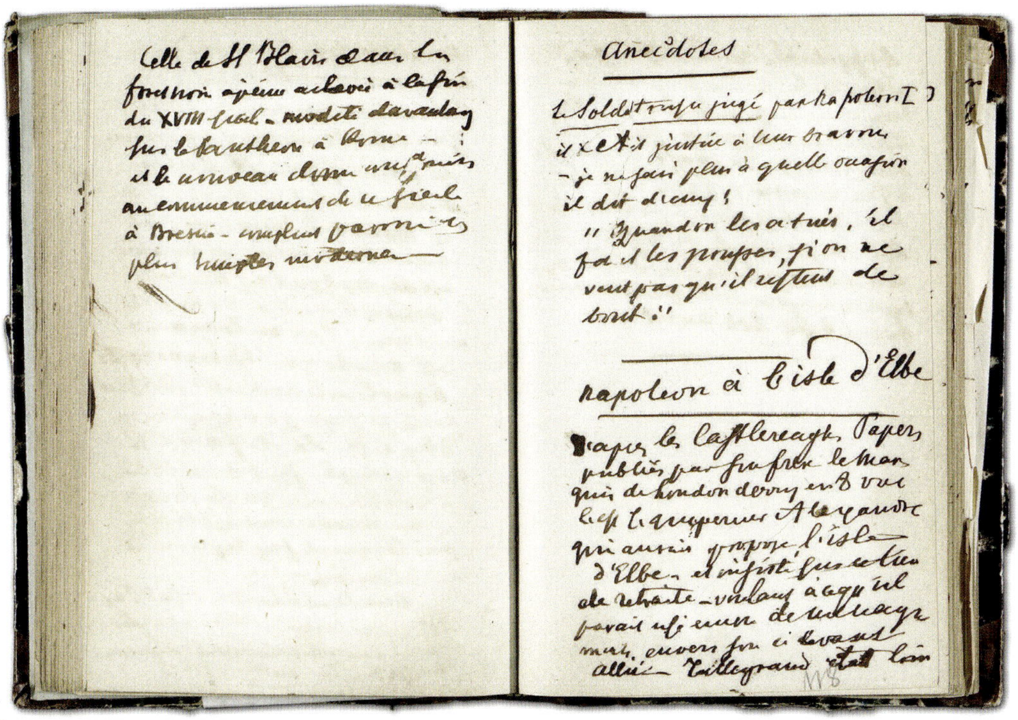

Der österreichische Staatsmann und Diplomat Johann von Wessenberg beschreibt in seinem Tagebuch die Diskussionen um die erste Verbannung Napoleons. Der hier präsentierte Eintrag zeigt, dass es die Idee des russischen Zaren Alexander gewesen ist, Napoleon nach Elba zu verbannen

Signatur: Österreichisches Staatsarchiv, Haus-, Hof- und Staatsarchiv Nachlass Wessenberg 142

Reformtätigkeit begann. Ermutigt durch Nachrichten aus Frankreich, wo sich große Unzufriedenheit mit der Restauration unter Ludwig XVIII. breit machte, kehrte Napoleon am 1. März 1815 nach Frankreich zurück. Die gegen ihn ausgesandten Truppen liefen zu Napoleon über, worauf Österreich, Russland, Großbritannien und Preußen am 25. März in Wien ihre antifranzösische Allianz erneuerten. Napoleons »Herrschaft der hundert Tage« endete mit seiner endgültigen Abdankung am 22. Juni 1815, nachdem seine Armee vier Tage zuvor nahe dem belgischen Ort Waterloo von den alliierten britischen und preußischen Truppen unter Wellington beziehungsweise Blücher geschlagen worden war.

Dieser im Tagebuch Johann von Wessenbergs enthaltene Grundrissplan zeigt das Haus, in dem Napoleon während seiner Verbannung auf St. Helena bis zu seinem Tod lebte

Signatur: Österreichisches Staatsarchiv, Haus-, Hof- und Staatsarchiv Nachlass Wessenberg 3 Band 25

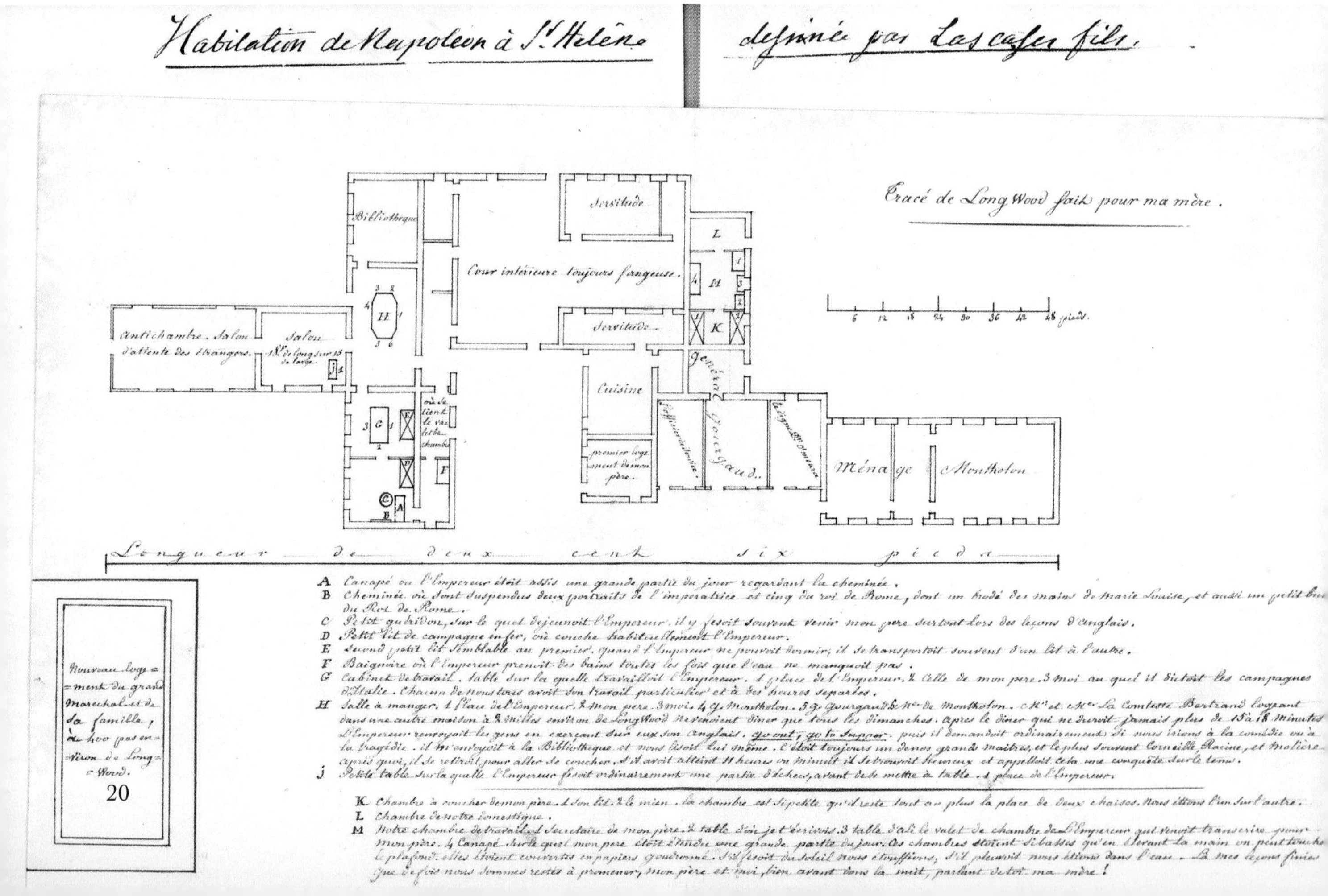
Habilation de Napoleon à St. Helène dessiné par Las cases fils.

Tracé de Long Wood fait pour ma mère.

Longueur de deux cent six pieds

A Canapé où l'Empereur étoit assis une grande partie du jour regardant la cheminée.
B Cheminée où sont suspendus deux portraits de l'imperatrice et cinq du roi de Rome, dont un brodé des mains de Marie Louise, et aussi un petit bu[ste] du Roi de Rome.
C Petit guéridon, sur le quel dejeunoit l'Empereur. il y fesoit souvent venir mon pere surtout lors des leçons d'anglais.
D Petit lit de campagne en fer, où couche habituellement l'Empereur.
E Second petit lit semblable au premier. quand l'Empereur ne pouvoit dormir, il se transportoit souvent d'un lit à l'autre.
F Baignoire où l'Empereur prenoit des bains toutes les fois que l'eau ne manquoit pas.
G Cabinet de travail. table sur la quelle travailloit l'Empereur. 1 place de l'Empereur. 2 Celle de mon pere. 3 moi au quel il dictoit les campagnes d'Italie. Chacun de nous tous avoit son travail particulier et à des heures separées.
H Salle à manger. 1 Place de l'Empereur. 2 mon pere. 3 moi. 4 G. Montholon. 5 G. Gourgaud 6 Me de Montholon. Mr et Me la Comtesse Bertrand logeant dans une autre maison à 2 milles environ de Longwood ne venoient diner que tous les dimanches. après le diner qui ne duroit jamais plus de 15 à 18 minutes l'Empereur renvoyait les gens en exerçant sur eux son anglais. go out, go to supper. puis il demandoit ordinairement si nous irions à la comédie ou à la tragédie. il m'envoyoit à la Bibliotheque et nous lisoit lui même. C'étoit toujours un de nos grands maitres, et le plus souvent Corneille, Racine, et Molière. après quoi, il se retiroit pour aller se coucher. s'il avoit atteint 11 heures ou minuit il se trouvoit heureux et appelloit cela une conquête sur le tems.
J Petite table sur la quelle l'Empereur fesoit ordinairement une partie d'échecs, avant de se mettre à table. 1 place de l'Empereur.

K Chambre à coucher de mon père. 1 son lit. 2 le mien. la chambre est si petite qu'il reste tout au plus la place de deux chaises. nous étions l'un sur l'autre.
L Chambre de notre domestique.
M Notre chambre de travail. 1 Secretaire de mon père. 2 table d'où je t'écrivois. 3 table d'Ali le valet de chambre de l'Empereur qui venoit transcrire pour mon père. 4 Canapé sur le quel mon pere étoit étendu une grande partie du jour. Ces chambres étoient si basses qu'en élevant la main on peut touche[r] le plafond. elles étoient couvertes en papiers goudronné. S'il fesoit du soleil nous étouffions; s'il pleuvoit nous étions dans l'eau. Les leçons finies que de fois nous sommes restés à promener, mon père et moi, bien avant dans la nuit, parlant de toi ma mère!

A8 Wiener Kongress: Wirkungsgeschichte

Der niederländische Sozialhistoriker Marcel van der Linden schreibt, dass »der [Wiener] Kongress zum Entstehen eines humanitären Bewusstseins« im 19. Jahrhundert beigetragen hat. Dafür mitentscheidend war die Beilage 15 zu Artikel 118 des Vertrages des Wiener Kongresses. Denn hier wurde zum ersten Mal festgeschrieben, dass im Namen »aller zivilisierten Länder der Sklavenhandel als allen Prinzipien der Humanität und der allgemein gültigen Moral zuwider laufend verurteilt wurde«. Bei den Verhandlungen zum Wiener Kongress wurde die Sklavenfrage in zahlreichen Sitzungen behandelt, die nach etlichem diplomatischen Hin und Her auch zu einem erfolgreichen Ende in der Sitzung vom 8. Februar 1815 führten. Die Verhandlungen über den Sklavenhandel brachten auch bereits heute modern anmutende Entwicklungen hervor, die, auch wenn sie damals nicht angenommen wurden, den Weg in die Zukunft wiesen. An dieser Stelle sei hier nur der angedachte international koordinierte Boykott aus humanitären Gründen genannt. Andererseits, so van der Linden, legten die Verhandlungen in Wien »ein erstes Fundament für die Kolonisierung Afrikas«. Denn in den europäischen Staaten wuchs im Laufe der Zeit die Überzeugung, dass der Sklavenhandel auf Dauer nicht mit Verträgen, sondern nur mit militärischen Interventionen abgeschafft werden konnte. Das hier abgebildete Dokument stammt aus einem Druck, den der britische Abolitionist (Kämpfer für Abschaffung der Sklaverei) Thomas Clarkson (1760 – 1846) extra für den Wiener Kongress anfertigen ließ. Er zeigt den Liegeplan eines Sklavenschiffes, bei dem der vorhandene Frachtraum größtmöglich ausgenutzt wurde. Die Menschen wurden dabei angekettet, die Überlebensrate bei diesen Transporten betrug oft nur knapp ein Drittel. Die Zustände an Bord dieser Schiffe müssen unvorstellbar gewesen sein.

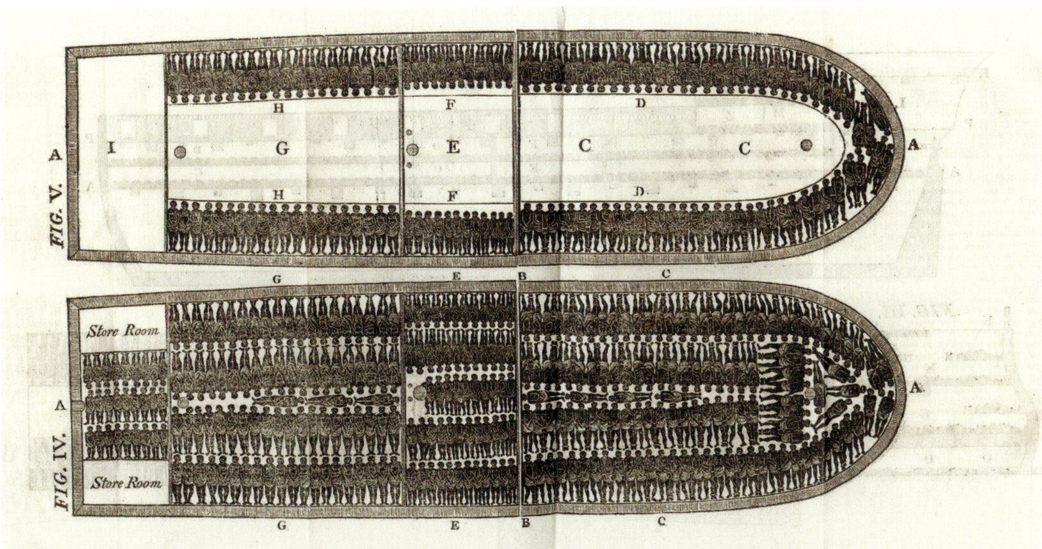

Dieser von Thomas Clarkson in Auftrag gegebene Druck zeigt den Liegeplan eines damals gebräuchlichen Sklavenschiffes unter größtmöglicher Ausnutzung des Frachtraums.

Signatur: Österreichisches Staatsarchiv, Haus-, Hof- und Staatsarchiv Staatskanzlei Kongressakten 13

Nach dem Wiener Kongress

Karte von Europa 1812 bis 1816

Nach dem Wiener Kongress werden die Grenzen von 1792 mit einigen Veränderungen wiederhergestellt. Der neu gegründete Deutsche Bund besteht aus 39 Staaten. Preußen erhält die Geschlossenheit seines Staatsgebietes im Osten und die Rheinprovinz und Westfalen im Westen Deutschlands. Piemont-Savoyen wird um Sardinien vergrößert. Großbritannien steht in Personalunion mit dem neuen Königreich Hannover und im Besitz von Malta, Sri Lanka (Ceylon), der Kapkolonie und Helgoland. Österreich erhält Oberitalien und Dalmatien wieder zurück und beansprucht die Führung im Deutschen Bund. Der Kirchenstaat und das Königreich beider Sizilien werden wiederhergestellt. Die Herzogtümer Toskana, Modena und Parma werden als österreichische Sekundogenituren restauriert. Schweden steht in Personalunion mit Norwegen. Russland gewinnt Polen (Kongresspolen) und behält Finnland. Die Schweiz wird als eigenständiger Staat anerkannt und die immerwährende Neutralität bestätigt. Die Vereinigten Niederlande (Holland) erhalten die bisher österreichischen Niederlande (Belgien). Die Karte stammt aus dem Atlas »Tabula geographica Europae« von C. Kruse.

Bürgerliche Revolution 1848

Wie ein roter Faden durchzieht das soziale Aufbegehren die beiden ersten Jahrzehnte des 19. Jahrhunderts. Als am 13. März 1848 von Studenten und Bürgern die Forderung nach einer Verfassung und bürgerlichen Freiheitsrechten aufgestellt wird, erheben sich die Wiener Vorstädte in Revolte und Maschinensturm.

Die Vorstädte erheben sich im Maschinensturm. Zerstörung der Fabriken an der Mariahilfer Linie am 13. März 1848

Karikatur auf den Rücktritt Metternichs

Passage nach Europa: Vom Wiener Kongress zur EU

A11

Letztes Jahr jährte sich zum 200. Mal der Beginn des Wiener Kongresses und zum 100. Mal der Ausbruch des 1. Weltkrieges. Der Kongress brachte eine lange Phase des Friedens in Europa, bis der Weltkrieg ein Mächtegleichgewicht zum Einsturz brachte, das zwar für relative Stabilität gesorgt hatte, aber imperiale Gelüste und kriegerische Nationalismen der damaligen europäischen Mächte nicht zu verhindern wusste.

Nach zwei Weltkriegen blieb, wie Jahrhunderte zuvor, ein zerstörtes, verarmtes und geteiltes Europa zurück. Die europäischen Staaten kämpften sich noch mühsam aus den Trümmern des Zweiten Weltkriegs hervor, als am 9. Mai 1950 der französische Außenminister Robert Schuman in einer Rede vorschlug, »die Gesamtheit der französisch-deutschen Kohle- und Stahlproduktion einer gemeinsamen Hohen Behörde zu unterstellen, in einer Organisation, die den anderen europäischen Ländern zum Beitritt offensteht.« Ein Jahr später gründeten Frankreich, Deutschland, Italien, Niederlande, Belgien und Luxemburg die Europäische Gemeinschaft für Kohle und Stahl (EGKS).

Rede des französischen Außenministers Robert Schuman vor der Nationalversammlung im Außenministerium am Quai d'Orsay in Paris am 9. Mai 1950, in der er die Einrichtung einer Europäischen Gemeinschaft für Kohle und Stahl in Aussicht stellt

Die Europäische Einigung

Eine neue Ära inter- und supranationaler Rechtsetzung hatte ihren Lauf genommen, die schließlich in die heutige Europäische Union mündete. Die völkerrechtlichen Grundlagen dieser Rechtsetzung lassen sich durchaus bis auf die Schlussakte des Wiener Kongresses rückbeziehen. Ihre moralische Legitimation gründete sich auf die Versöhnung und die Festigung des Friedens zwischen ehemaligen Feinden, wobei laut Schuman »Europa sich nicht mit einem Schlage

Unterzeichnung des Vertrages zur Gründung der EGKS am 18. April 1951 in Paris.

und auch nicht durch eine einfache Zusammenfassung« herstellen ließe, sondern es wird »durch konkrete Tatsachen entstehen, die zunächst eine Solidarität der Tat schaffen.«

Vom friedenspolitischen und wirtschaftlichen Erfolg der europäischen Einigung überzeugt, traten 1973 Dänemark, Irland und das Vereinigte Königreich der 1957 gegründeten Europäischen Wirtschaftsgemeinschaft bei. Mit dem Sieg von Demokratie und Rechtsstaatlichkeit in Griechenland, und einige Jahre später in Portugal und Spanien wuchs die EWG bis Mitte der 80er Jahre auf zwölf Mitgliedsländer an.

Österreichs »langer Weg nach Europa«, unter anderem geprägt vom Mächteverhältnis des Kalten Krieges, läuft vom Marshall-Plan über die Gründung der Europäischen Freihandelsassoziation bis hin zum EU-Beitritt vor 20 Jahren. Die Geschichte dieser für Österreich entscheidenden politischen Weichenstellung steht im Mittelpunkt der Dokumentation von Gerhard Jelinek, die wir mit freundlicher Genehmigung von ORF und Metafilm im Rahmen dieser Ausstellung zur Entwicklung der »Idee Europa« zeigen.

Auf dem Weg zu einem Kontinent des Friedens

Nach dem Zerfall der Sowjetunion 1991 konnten schließlich auch die Länder Mittel- und Osteuropas, die jahrzehntelang das Leben hinter dem »Eisernen Vorhang« hatten erdulden müssen, wieder selbst über ihren künftigen Weg bestimmen. Acht von ihnen traten 2004 der EU bei, zwei weitere 2007, Kroatien folgte 2014.

Anlässlich der Verleihung des Friedensnobelpreises 2012 an die Europäische Union begründete das norwegische Nobelkomitee seine Entscheidung mit der stabilisierenden Rolle der EU bei der Umwandlung Europas von einem Kontinent der Kriege zu einem Kontinent des Friedens. Die größte Errungenschaft der EU sei »ihr erfolgreicher Kampf für Frieden, Versöhnung, Demokratie und Menschenrechte.« Laut einer EU-weiten Umfrage anlässlich der Preisverleihung teilen drei Viertel der EU-Bevölkerung die Auffassung, dass Frieden und Demokratie die wichtigsten Errungenschaften der EU sind.

Selbstverständlich haben diese Errungenschaften auch historische Wurzeln, wären ohne die vorangegangene historische Entwicklung nicht möglich gewesen und referenzieren auf Elemente einer europäischen Ordnung, die sich über zweihundert Jahre hinweg entwickelt haben. Insofern ist es sinnvoll, sich mit der Entwicklung Europas, seiner Länder, seiner Grenzen, seines völkerrechtlichen Rahmens seit dem Wiener Kongress zu beschäftigen, und zu verstehen, dass die heutige Situation nur eine Momentaufnahme ist, hinter der eine lange Entwicklung liegt und die sich in die Zukunft weiterentwickeln wird.

Die EU und ihre aktuellen Herausforderungen

Als bedeutender globaler Akteur sieht sich die Europäische Union heute mit einer Reihe von neuen und großen Herausforderungen konfrontiert. Die anhaltenden Auswirkungen der Finanz- und Wirtschaftskrise haben das Wohlstandsgefälle innerhalb der EU-Länder zusehends verschärft und den sozialen Zusammenhalt aufgebrochen. Die Kriege an den Außengrenzen der EU – die russische Besetzung der Krim, die Bürgerkriege im Nahen Osten – und das Aufflammen islamistischen Terrors fordern den außenpolitischen und humanitären Einsatz der

Unterzeichnung der römischen Verträge am 25. März 1957 in Rom, Gründung der Europäischen Wirtschaftsgemeinschaft (EWG)

Union und bedrohen auch direkt die Sicherheit innerhalb der EU.

In einigen EU-Ländern erstarken rechtsautoritäre Parteien, welche nicht nur die Suche nach gemeinschaftlichen Lösungen innerhalb der EU, sondern auch ihre demokratischen und liberalen Grundwerte in Frage stellen. Dennoch überwiegt bei den Bürgerinnen und Bürgern der EU das Bewusstsein, dass die EU-Länder nur gemeinsam, durch verstärkte Kooperation, mehr Solidarität und gemeinsame Verantwortung die Herausforderungen bewältigen können.

Die Feiern anlässlich der Befreiung der Konzentrationslager und des Untergangs des Nationalsozialismus vor 70 Jahren ermahnen uns, so der Erste Vize-Präsident der Europäischen Kommission, Frans Timmermans, die Grundrechte und gemeinsamen Werte der EU zu schützen. Das erfordert auch verstärkt gemeinsame friedenspolitische Bemühungen, um zur Lösung der vielen Konflikte in den benachbarten Ländern beizutragen.

Wenn und weil es möglich ist, aus der Geschichte zu lernen, kann dabei eine historische, politische, gesellschaftswissenschaftliche und rechtswissenschaftliche Auseinandersetzung mit der ersten großen europäischen Friedenskonferenz, dem Wiener Kongress, sicher einen Beitrag leisten. Aus diesem Grund hat sich die Vertretung der Europäischen Kommission in Österreich gerne an der Ausstellung zur »Idee Europa« beteiligt, weil es deren Konzept ist, von der historischen Darstellung ausgehend weiter in die Gegenwart und in die Zukunft Europas zu gehen und zu denken.

Nach erfolgreichem Abschluss der EU-Beitrittsverhandlungen Österreichs am 1. März 1994 in Brüssel erhielt Alois Mock Standing Ovations

Unterzeichnung des EU-Beitrittsvertrags am 24. Juni 1994 durch Bundeskanzler Franz Vranitzky und Außenminister Alois Mock

Das gibt's nur dreimal: Der Kongress tanzt

Ohne Zweifel der berühmteste und – dank regelmäßiger Wiederaufführungen – heute immer noch populärste Film, in dem der Wiener Kongress und dessen Protagonisten für die Handlung zentral sind, ist *Der Kongress tanzt*: ein 1931 unter der Regie des gebürtigen Breslauers Erik Charell entstandener Operettenfilm.

Er bietet die Kulisse für eine fiktive Geschichte um die Wiener Handschuhmacherin Christel Weinzinger. Nach ihrer zufälligen Begegnung mit Zar Alexander, der zum Kongress nach Wien angereist ist, entspinnt sich eine zarte Liebesgeschichte. Der intrigante Fürst Metternich versucht die Situation zu seinen Gunsten zu nutzen, jedoch ist ihm sein gewitzter Gegenspieler Alexander immer einen Schritt voraus. Die Rückkehr Napoleons aus Elba erzwingt die plötzliche Abreise Alexanders aus Wien, was für Christel das Ende ihres Märchens bedeutet. »Das gab's nur einmal«.

Der Kongress tanzt war eine Produktion der Ufa, das zu dieser Zeit größte Studio Deutschlands, und das einzige, das ernsthaft mit Hollywood konkurrieren konnte. Um den Weltmarkt zu erobern, wurde der Film in drei unterschiedlichen Sprachfassungen gedreht: deutsch, englisch und französisch. Damals war diese aufwändige und teure Praxis aufgrund der noch unausgereiften Tontechnik üblich, bevor die Nachsynchronisierung oder Untertitelung von fremdsprachigen Filmen sie überflüssig machte.

Je nach Popularität und Sprachkenntnissen der Schauspieler wurden die einzelnen Rollen in den jeweiligen Fassungen anders besetzt. Während also der beliebte österreichische Schauspieler Paul Hörbiger in der deutschen Fassung für Lokalkolorit sorgte, wurde er in den französischen und englischen Fassungen ersetzt. Eine wichtige Ausnahme ist die Hauptrolle der Christel, die in allen drei Fassungen von der britischen Schauspielerin Lilian Harvey verkörpert wird. Ihre Mehrsprachigkeit verhalf ihr so zu internationaler Berühmtheit.

Im Fall von *Der Kongress tanzt* stehen die unterschiedlichen Filmfassungen fast symbolisch für die internationale Wirkung des Wiener Kongresses selbst. Das Österreichische Filmmuseum hat deshalb eine Videoinstallation kuratiert, in der ausgewählte Szenen aus allen drei Fassungen präsentiert werden. Für die Materialbereitstellung danken wir dem Rechteinhaber des Films, der Friedrich-Wilhelm-Murnau-Stiftung (Wiesbaden), sowie den internationalen Archivpartnern, der amerikanischen Library of Congress (Washington) und der Cinemateca Portuguesa – Museu do Cinema (Lissabon).

Hauptdarstellerin Lilian Harvey mit den drei Schauspielern, die in den drei Sprachfassungen des Films (EN/FR/DE) die Rolle von Fürst Metternichs Sekretär »Pepi« verkörpert haben

D Die Musik und der Wiener Kongress

»Der Kongress tanzt, aber er kommt nicht vom Fleck«. – Ein köstliches und viel erzähltes Bonmot von Charles Joseph Fürst von Ligne, das aber heute oft missverstanden wird. Ja, die Kongressteilnehmer haben getanzt und wurden mit aller Art von Musik unterhalten, erst, damit der Kongress gut vorankommt, und dann, weil der Kongress nicht vom Fleck kam. Und schließlich hat sich erwiesen, dass die Musik tatsächlich wichtig und hilfreich war.

Es ging um eine Neuordnung Europas. Die in den vorangegangenen Kriegen verbündeten Staaten waren nun unterschwellig oder auch klar erkennbar Rivalen, weil sie bei der Neuordnung besonders gut abschneiden wollten. Ihr bisheriger Feind, das militärisch geschlagene Frankreich und seine Verbündeten, nahm als gleichberechtigter Partner an den Verhandlungen teil. Teilnehmer am Kongress waren aber auch Vertreter nicht so eindeutig zuzuordnender Staaten oder Stadtstaaten, die mit großen Hoffnungen gekommen waren. Vertrauen und eine Gesprächsbasis aufzubauen, war wichtig und dazu dienten musikalisch-gesellschaftliche Ereignisse: Man kam sich näher bei dem von Musik dominierten oder jedenfalls ohne Musik undenkbaren – wie wir heute sagen würden – Rahmenprogramm des Kongresses. Mehrmals stand der Kongress wegen Auseinandersetzungen zwischen Kaiser Franz und Zar Alexander vor dem Abbruch. Aber wenn sie nebeneinander mit ihren Tanzpartnerinnen an der Spitze der Paare zu einer Eröffnungspolonaise in den Ballsaal schritten, dann war man sich wieder näher gekommen. Bälle für die Kongressteilnehmer gab es vor allem, aber nicht nur, in der Hofburg, im Palais von Staatskanzler Fürst Metternich und in den Residenzen der Botschafter, aber auch in den großen Tanzsälen der Stadt, deren Unternehmer auf ihre Weise mit dem Kongress spekulierten. Für diese Bälle wurde eigens neue Tanzmusik komponiert, die umgehend im Druck erschien.

Unterhaltung mit Musik gab es auch noch auf andere Art, wie etwa am 23. November 1814 ein Karussell, also ein Reiterspiel, in der K.K. Hofreitschule mit anschließendem Ball oder am 22. Jänner 1815 eine Schlittenfahrt nach Schönbrunn und wieder zurück mit Besuch einer Opernaufführung (Nicolo Isouard, »Aschenbrödel«) im dortigen Schlosstheater. Ob Karussell oder Schlittenfahrt, beides bedurfte eigens dafür komponierter Musik.

Über Ersuchen von Kaiser Franz I. brachte die »Gesellschaft der Musikfreunde« am 16. Oktober 1814 Georg Friedrich Händels Oratorium »Samson« in der K.K. Hofreitschule mit 700 Mitwirkenden zur Aufführung; das Konzert sollte schon im Frühjahr stattfinden, wurde aber auf Wunsch

Ludwig van Beethoven, Brustbild in der Portraitgalerie der Gesellschaft der Musikfreunde in Wien, Joseph Willibrord Mähler, 1815

des Kaisers in den Herbst verschoben, um, so Richard von Perger, »anläßlich des zu gewärtigenden Fürstenkongresses auch eine würdige musikalische Produktion in den Mauern Wiens veranstaltet zu sehen«. Weiters gab es Hofkonzerte, die freilich geladenen Gästen vorbehalten waren, während das sonstige Konzertleben den Veranstaltern überlassen, von den Gästen aber stark frequentiert wurde. Der Erfolg des »Samson« veranlasste die Gesellschaft der Musikfreunde, wieder in Monsterbesetzung am 20. und 22. April Händels »Messias« aufzuführen und den Erlös Witwen und Waisen gefallener Soldaten zukommen zu lassen. Die große Zahl von hochrangigen Gästen in der Stadt ermunterte auch hier ansässige Komponisten und Virtuosen, Konzerte zu geben (an der Spitze Louis Spohr und Ludwig van Beethoven), andere sogar, eigens dafür nach Wien zu reisen, um sich hier nicht nur vor den Bewohnern, sondern vor allem vor den anwesenden Gästen zu produzieren. Zu der großen Zahl von öffentlichen Musikproduktionen kam noch die besondere Rolle, die der Musik in den bürgerlichen und adeligen Salons zukam. Man hielt Salon, lud dazu die hohen auswärtigen Gäste ein, und bei vielen wurden diese Salons zu regelrechten Hauskonzerten. Die Gattin des Pianisten und Komponisten Ignaz Moscheles überliefert, dass dessen Tagebuch »von Notizen über öffentliche und private Musikaufführungen« wimmelte, »die aus Anlass des Congresses meist in sehr grossem Stile und mit mannigfaltigen und bedeutenden Kräften in Scene gesetzt« wurden.

Es gab auch offiziöse Opernaufführungen, wie Boieldieus »Johann von Paris« im Theater von Schloß Schönbrunn oder Spontinis »Vestalin« im Kärntnertortheater und eine Aufführung von Rossinis »Moses« im Theater an der Wien, zu denen die in Wien weilenden Souveräne ausdrücklich eingeladen wurden. Dem besiegten Frankreich ein Gefühl der Anerkennung zu geben und dem Zeitgeschmack zu huldigen, das war das politische und gesellschaftliche Ziel bei der Wahl dieser Opern; dass sie in deutscher Sprache gegeben wurden, unterstrich das Selbstbewusstsein der Gastgeber. Beethovens »Fidelio«, für uns die Befreiungsoper schlechthin, wurde zwar zur Zeit des Kongresses gegeben, aber nicht im Zusammenhang mit offiziellen Einladungen: Niemand sollte sich mit einem Blick auf Vergangenes angeklagt fühlen.

Die Kongressteilnehmer und ihre Entourage haben nicht nur die musikalische Hochkultur im Zentrum der Stadt genossen, der auch das in der

Ludwig van Beethoven, Chor auf die verbündeten Fürsten, WoO 95, autographe Partitur S. 2, 1814

Vorstadt gelegene Theater an der Wien zuzuzählen war, das in steter befruchtender Konkurrenz zur Hofoper im Kärntnertortheater stand. Auch die übrigen Vorstadttheater haben sich auf den Kongress eingestellt bzw. das Kongresspublikum angezogen. Dasselbe gilt für die Tanzsäle in der Vorstadt; wie sich Zar Alexander im Apollo-Saal, einem Tanzetablissement im Vorort Schottenfeld, amüsiert hat, ist in die Geschichte eingegangen. Aber auch die durchwegs eleganten, aber nicht höfisch-adelig, sondern bürgerlich geprägten Tanzsäle »Zum Sperl« in der Leopoldstadt oder »Zur goldenen Birne« auf der Landstraße haben Kongressgäste angezogen.

Musik und Wiener Kongress, diese beiden Schlagwörter wären nicht vollständig durchdacht, würde man nicht auch an die Militär-, die Volksmusik und die Straßenmusikanten erinnern. Wo und wie allerorten Straßenmusik betrieben wurde, auch das haben die Gäste als musikalischen Eindruck von Wien empfangen. Wie (meist harfenbegleitete) Volkssänger die Kongresszeit kommentiert und damit die Rezeption der Ereignisse vertieft und beeinflusst haben, ist ein nicht zu unterschätzendes musikalisches Phänomen in diesen Monaten gewesen. Die Militärmusik war schon in den dem Kongress vorangegangenen Kriegsjahren in hohem Maße strapaziert und engagiert; zum Friedenskongress erfüllte sie nun Repräsentationsaufgaben. Der »Alexander-Marsch«, Marsch des vormaligen ungarischen Infanterie-Regiments Hiller, das in der Kongresszeit nach Zar Alexander benannt und dessen Regimentsinhaber er ehrenhalber wurde, war rasch überaus populär; er wurde vielfach als thematische Vorlage für Variationswerke verwendet. Ob ein von Kaiser, Zar und dem Preußenkönig am Jahrestag der Schlacht von Leipzig gegebenes »Praterfest« für die Militärveteranen oder die erwähnte Schlittenfahrt nach Schönbrunn, das waren Ereignisse, die ohne Militärmusik undenkbar gewesen wären.

Abschließend ist an noch eine besonders wichtige Funktion der Musik in der Kongresszeit zu erinnern. Schon zuvor hat in den Koalitionskriegen Musik die Bevölkerung an Siegen (bzw. Niederlagen für die andere Seite), Friedensschlüssen und staatspolitischen Ereignissen teilnehmen lassen, weil Komponisten diese als Anlass für die Komposition von tonmalerischen Programmmusiken nahmen. Solche waren meist für Klavier, seltener für Kammermusikbesetzungen geschrieben und brachten das Ereignis ins Haus; und wenn es ein Orchesterwerk war, wie Beethovens »Wellingtons Sieg oder die Schlacht bei Vittoria«, op. 91, dann wurde es in Kammermusik- oder Klavierarrangements in breiten Kreisen rezipiert. Die Musik war das Vehikel, mit dem Abstraktes dank des weit verbreiteten Klavierspiels teilnehmbar und mitfühlbar gemacht wurde. Das galt auch für den Kongress, im Besonderen für die Bälle und Feierlichkeiten, an denen die Masse der Bevölkerung ja nicht teilnehmen konnte. Die Kompositionen, die von Ignaz Moscheles für das Karussell oder die Schlittenfahrt geschrieben worden waren, konnte man umgehend im Klavierauszug kaufen, daheim spielen und so emotional an diesem Ereignis teilnehmen. Das Praterfest für die Veteranen der Schlacht von Leipzig wurde zur Vorlage für ein Tongemälde mit diesem Titel von Anton Diabelli, das jeder im Familien- oder Freundeskreis am Klavier spielen bzw. hören konnte und so das Gefühl vermittelt bekam, dabei gewesen zu sein. Das Musizieren daheim, der Hausball oder die Ballveranstaltung in der Vorstadt konnten auf diese Weise mit derselben Musik bedient werden, mit der die hohen Kongressgäste unterhalten wurden. Viele der Kompositionen besangen emotionsreich den Frieden und den Segen des Kongresses. Titel wie zum Beispiel folgende sprechen für sich: »Der Friede. Ein Tongemälde für das Piano-Forte« (Anton Gräffer, publiziert 1814), »Alexander I. und Friedrich Wilhelm III. in Wien. Eine Fantasie für das Piano-Forte« (Tobias Haslinger, op. 24, publiziert im Oktober 1814), »Chor auf die verbündeten Fürsten« (Ludwig van Beethoven, komponiert im September 1814), »Herzliche Empfindung bey dem so lange ersehnten und nun hergestellten Frieden« (Antonio Salieri, publiziert am 27. Februar 1815). Die Teuerung, die der Kongress der Wiener Bevölkerung brachte, die auch überregional laut werdenden Zweifel, ob er überhaupt zu einem guten Ende gelangen könne, für all das wurden die möglichen kritischen Folgen durch das Miteinbeziehen der Bevölkerung mittels der Musik minimiert. Und zwar nicht nur in Wien, denn diese in Wiener Musikverlagen erschienenen Ausgaben wurden exportiert, oft aber auch auswärts, bis London, nachgedruckt. Daher ist dieser soziale und soziologische Faktor der Musik mindestens genau so wichtig gewesen, wie der unmittelbare Anlass, für den sie geschrieben wurde.

Antonio Salieri, Brustbild in der Portraitgalerie der Gesellschaft der Musikfreunde in Wien, Joseph Willibrord Mähler, 1816

Ⓑ Am Originalschauplatz

Seit fast dreihundert Jahren ist das Palais am Ballhausplatz 2, in dem der Wiener Kongress stattfand – zumindest dessen wichtigste Konferenzen, Verhandlungen und die gesamte Redaktionsarbeit –, Zentrum der österreichischen Außen- und Innenpolitik.

Die Prunkstiege hinauf in die frühere Beletage

1717 wurde es als Geheime Hof- und Staatskanzlei erbaut, ein Amtshaus für den kleinen Stab der nun erstmals professionell organisierten Verwaltung des riesigen Habsburgerreichs. Nahe der Hofburg sollte es sein, doch es fand sich hier kein prominenter freier Platz. So zwängte man das Gebäude in einen unscheinbaren Winkel zwischen der Amalienburg, der hohen Stadtmauer, dem Minoritenkloster und dem Hofspital irgendwie in den ehemaligen Wirtschaftshof des Klosters, und es ist nur der Genialität des Architekten Lukas von Hildebrandt zu verdanken, dass es dennoch ein imperiales Äußeres erhielt. Da der Platz für eine imposante Fassade zu eng war, schwenkte er die Seitenflügel aus und verbreiterte damit optisch die bloß fünfachsige Front, verpasste dem Bau einen regelmäßigen pentagonalen Grundriss und nahm in Kauf, dass die Ecke hinter dem rechten Seitenflügel nur mehr eineinhalb Meter tief sein konnte.

In seiner Struktur entsprach das Palais ganz der Konstruktionsweise aller barocken Stadtpalais, die in Wien für repräsentative und offizielle Zwecke errichtet wurden: Eine beeindruckende Einfahrtspassage ist groß genug für Kutsche

Das Bundeskanzleramt heute

und Gespann; rechts führt die Prunkstiege direkt hinauf in die Beletage – die anderen Bereiche sind über kleinere Treppen erreichbar. In der Beletage finden sich zwei separate Flügel: der »office wing« mit den Amtsräumen des Kanzlers, an der Front zum heutigen Volksgarten, und der »private wing«, die Repräsentationswohnung mit Blick auf den Minoritenplatz. Verbunden sind die beiden durch einen Empfangsraum, von dem aus man den zentralen Ball- und Konferenzsaal erreicht, an den wiederum jeweils ein Salon als Übergang zu den beiden Bereichen anschließt. Diese vier Räume wurden sowohl privat als auch offiziell genutzt. Das Hochparterre, eine Ebene darunter, beherbergte die Kanzlei selbst, also die Stuben der Diplomaten, Schreiber und Archivare. Im Souterrain rechts lag die große Küche und wohl auch die Gesindestube, links die Stallungen, deren Rampe heute noch existiert. Für Dienstboten und Lakaien gab es zwei enge Wendeltreppen, die alle Stockwerke miteinander verbanden und rasches Service ermöglichten. Im obersten Stock lagen die geräumige Zimmerflucht der Familie des Kanzlers und die weniger großzügigen Kammern der persönlichen Bediensteten. Und noch ein besonderer Raum fand sich hier – etwas erhöht, da er über dem Saal lag, dessen Decke höher war als die der danebenliegenden Säle: eine Stube, von der aus man durch Lüftungsgitter den Saal beobachten konnte.

Die Struktur der Beletage ist heute kaum anders als zur Zeit des Wiener Kongresses. Die Veränderungen des Palais bezogen sich vor allem auf Zubauten im 19. und zu Beginn des 20. Jahrhunderts, die den Bau auf das Doppelte vergrößerten. Nur die Innenausstattung hat sich gewandelt – war sie damals noch im Stil des Barock und Rokoko

Die Brücke zum Paradeisgartl

gehalten, so gestaltete und modernisierte Metternich 1828 das Ambiente geradliniger im Empirestil und nach dem Geschmack des Klassizismus.

Die Ära Metternich

Als Klemens Metternich hier 1809 als Außenminister einzog, diente ihm das Palais also sowohl als Ministerium als auch als privates Domizil, das er nach seinen Bedürfnissen umgestaltete: Die Kapelle wich einer Bibliothek, Fenster wurden vergrößert, Treppen versetzt und schließlich wurde ein ehemaliger Trakt des Minoritenklosters, der mittlerweile als Gerichtsgebäude genutzt worden war, integriert. Vom Konferenzzimmer aus, das neben seinem Arbeitszimmer lag, führte ihn eine schmale schmiedeeiserne Brücke über die enge Löwelstraße hinweg auf die Krone der Stadtmauer hinaus, an der sich hier eine ehemalige Geschützbastion zu einem kleinen Park, dem Paradeisgartl, weitete.

Man kann mit gutem Grund annehmen, dass die großen und dramatischen Sitzungen des Kongresses im heute so genannten Kongresssaal stattfanden (die Stube darüber diente nun den Schreibern, die mithörten und mitschrieben). Kleinere Arbeitsgespräche wird man in den danebenliegenden Salons untergebracht haben. Für die Chefs der wichtigsten Delegationen machte man im Hochparterre mehrere Arbeitszimmer frei. Da der Kongress auch ein intensives gesellschaftliches Rahmenprogramm umfasste, diente die Beletage dann auch als Ambiente für mittägliche Diners im großen, säulenverzierten Speisesaal, für Teestunden in den Seitensalons und für große Empfänge im gesamten, sechs Säle umfassenden Repräsentationsbereich.

Auf keinen Fall darf man sich das Haus und das tägliche Leben darin als Amtshaus, als Ministerium im heutigen Sinn vorstellen. Staatsgeschäfte und Privatleben gingen hier ineinander über und im Verhandlungssaal des internationalen Kongresses wurde auch mal getanzt und zu Weihnachten der Christbaum und die Geschenke für die Familie platziert.

Denn die Metternichs hatten insgesamt acht Kinder, von denen 1814/15 sechs lebten – die jüngste Tochter kam während des Kongresses zur Welt – und ein siebentes Kind, die Tochter des Fürsten mit der russischen Aristokratin Katharina Bagration, war noch zusätzlich ins Haus aufgenommen worden. Man darf sich hier also durchaus eine Mischung aus einerseits beflissener Geschäftigkeit von Staatschefs, Ministern, Gesandten, Schreibern und Hofschranzen

Arbeitszimmer Metternichs, heute das Arbeitszimmer des Bundeskanzlers

und andererseits von Kinderlachen, bepackten Köchinnen, Gouvernanten, Hauslehrern und Kutschern vorstellen. Da der Kongress nicht ununterbrochen tagte, sicher keine Bürozeiten von acht bis vier hatte, sondern aus einer losen Aufeinanderfolge von Sitzungen und Arbeitsphasen bestand – zeitweise wochenlang unterbrochen, dann wieder für kurze Phasen rund um die Uhr –, ging beides irgendwie störungsfrei zusammen. Und mitunter war das Haus auch halb leer, wenn die Familie in ihrer Landvilla in Baden Zeit verbrachte und der Kanzler seinen diplomatischen Reisen und / oder amouröseren Aktivitäten außer Haus nachging.

Möglicherweise waren die neun Monate des Wiener Kongresses die spektakulärste Zeit dieses Hauses, die Zeit, in der die meisten und die wichtigsten Männer Europas durch das Tor ein und aus fuhren. Es war dies aber nicht die einzige Phase, in der große Politik von hier ausging: Diese hatte wohl schon im Jahrhundert davor mit Kaunitz, dem Außenminister Maria Theresias, begonnen. Hier war aber auch der Amtssitz des Grafen Berchtold, der hundert Jahre später 1914 als Außenminister den auslösenden Schritt für den Beginn des Ersten Weltkriegs setzte. Und seit Beginn der Republik amtierten hier die österreichischen Bundeskanzler, einige Jahre sogar unter einem Dach mit den Bundespräsidenten. Das Haus am Ballhausplatz ist somit das architektonische Symbol der österreichischen Politik und nicht nur des Wiener Kongresses, als Europa am Ballhausplatz gestaltet wurde.

B2 Der Kongress tanzt und arbeitet trotzdem. Festkultur und Kabinettspolitik

Ursprünglich war die Zusammenkunft in der österreichischen Residenzstadt eher als Feier denn als diplomatische Konferenz gedacht. Die Festlichkeiten blieben ein zentraler Teil der Planung und des Geschehens, auch wenn der Versuch, eine neue und dauerhafte Friedensordnung in Europa zu stiften, parallel dazu verlief.

Delegierte des Kongresses in einer Verhandlungspause, der Saal befand sich in der Geheimen Hof- und Staatskanzlei, dem heutigen Bundeskanzleramt

Die nachnapoleonische Diplomatie war stets mit Festkultur, Geselligkeit und Öffentlichkeit verbunden.[1] Soziale Kontakte außerhalb der Verhandlungsräume hatten oft eine politische und nicht nur eine gesellige Funktion, Repräsentation und öffentliche Darstellung eine symbolische, oft aber auch eine pragmatische Bedeutung. Die Kabinettspolitik fand also nur teilweise hinter verschlossenen Türen statt.

Bis vor kurzem wurden die Salongesellschaften auf dem Wiener Kongress wenig beachtet und höchstens als Zeitverschwendung abgetan oder als Ursprung von Schlafzimmerpolitik betrachtet. Die vielfältigen gesellschaftlichen Anlässe bei Diplomaten, Salondamen oder gar bei Hofe verschafften nicht-staatlichen Akteuren, darunter auch Frauen, bei der Aushandlung von politischen Positionen und der öffentlichen Meinung aber tatsächlich einen gewissen Einfluss auf die Hauptfiguren des Kongresses. Denn diese verließen nach langen Verhandlungsrunden ihre Kabinette und mischten sich wieder in die geselligen und politisierten Ströme Wiens.

Festlichkeiten vor einem größeren Publikum waren ebenfalls fester Bestandteil der diplomatischen Kultur. Die Wiener Feierlichkeiten begannen mit einer Reihe von imposanten Festen, wobei militärische, religiöse und höfisch-prachtvolle Elemente zusammenkamen. Auch manche höfische Feste wurden für ein breites Publikum geplant, zum Beispiel die große Redoute am 9. Oktober 1814.

Fest bei Metternich während des Wiener Kongresses, vorne links Friedrich Wilhelm III. mit der Königin von Bayern, rechts Wellington, Metternich, Talleyrand und Hardenberg

Mit 10.000 Eintrittskarten konnten viele Wiener Bürger Europas Eliten und Habsburgs Glanz anschauen. Über solche Hofereignisse konnte sich das lesende Publikum durch die Berichte in den Zeitungen und Zeitschriften informieren.[2]

Das größte und damals berühmteste Fest des Kongresses war die Jahresfeier der Völkerschlacht von Leipzig am 18. Oktober 1814. Binnen einer Woche wurde der ganze Prater geschmückt und Proviant für 14.000 Veteranen der letzten Kriege aufgefahren. Über 20.000 Zuschauer besuchten das Jubiläum. Solche Feste boten die Möglichkeit, symbolische Politik zu betreiben, und dies nicht nur auf Seiten der Gastgeber.

Habsburgische Fahnen, Doppeladler und dynastische Farben machten einen integralen Bestandteil des Leipziger Fests aus. Aber auch Zar Alexander nutzte es für symbolische Politik. Nach der Mahlzeit trank der Zar auf die Gesundheit der Truppen und der Wiener, eine Geste, die von der Menge bejubelt wurde. Der Moment wurde in Zeitungsberichten und in einem farbigen Kupferstich medial verewigt. Zu einer Zeit, in der der Zar wegen seiner Politik in der sächsischen Frage seine frühere Beliebtheit eingebüßt hatte, war ihm dieses Zeichen öffentlichen Wohlwollens durchaus willkommen.[3] Talleyrand mischte auch in der symbolischen Politik des Kongresses mit, als man am 21. Jänner 1815 im Stephansdom des zweiundzwanzigsten Jahrestags der Hinrichtung Ludwigs XVI. gedachte. Dadurch wollte Talleyrand seinen Herrscher Ludwig XVIII. und die verwandten sächsischen und neapolitanischen Könige zugleich unterstützen. Auch Talleyrands Feier erlangte mediale Vervielfältigung.

Die großen öffentlichen Feste sowie die verschiedenen Bälle und Salongesellschaften waren keineswegs lediglich Zerstreuung, Zeitverschwendung oder eine bunte Kulisse, hinter der die Staatsmänner die eigentliche Politik betrieben. Salons und Festlichkeiten müssen auch zu den Institutionen und Räumen des internationalen Systems gerechnet werden.

1. Ausführlich zu den geselligen, festlichen und politischen Aspekten des Wiener Kongresses siehe Brian E. Vick: The Congress of Vienna: Power and Politics after Napoleon, Cambridge/Mass. 2014, insbesondere Kapitel 1 und 3
2. Manfred Kandler: Die Feste des Kongresses. In: Walter Koschatzky (Hg.): Der Wiener Kongress, Ausstellungskatalog, Wien 1965, S. 247–258
3. Franz Patzer (Hg.): Wiener Kongreßtagebuch 1814/1815. Wie der Rechnungsbeamte Matthias Franz Perth den Wiener Kongreß erlebte, Wien 1981, S. 59; Stich von Johann Schönberg. In: Henrich Graf zu Stolberg-Wernigerode: Tagebuch über meinen Aufenthalt in Wien zur Zeit des Congresses vom 9. September 1814 bis zum April 1815, hg. v. Doris Derdey, Konrad Breitenborn and Uwe Lagatz, Halle a. d. Saale 2004, S. 69

Wilhelmine von Sagan, eine der salonnières im Sinne des 18. Jahrhunderts, die Politik sehr direkt mit erotischem Amüsement verknüpften

B2 Die metaphorische Konferenz

Robert Stewart Viscount Castlereagh
(18. Juni 1769 – 12. August 1822)

Seit 1812 britischer Außenminister, galt der Sohn eines nordirischen Großgrundbesitzers und Parlamentariers als ein ebenso pragmatischer wie entschlossener konservativer Ordnungspolitiker. Der mit europäischen Belangen weitgehend unvertraute Castlereagh übernimmt das Außenamt zu einem Zeitpunkt der vollkommenen Isolierung seines Heimatlandes auf dem Kontinent, profiliert sich allerdings rasch als ein wesentlicher Proponent der antinapoleonischen Koalition. Auf dem Wiener Kongress (wo er ab Februar 1815 durch den Duke of Wellington ersetzt wird) gelingt es ihm weitgehend, seine Linie eines Kräftegleichgewichts auf Basis der gegenseitigen Neutralisierung der Großmächte im Sinne Großbritanniens zur Geltung zu bringen.

Napoleon Bonaparte
(15. August 1769 – 5. Mai 1821)

Er war der große Abwesende, der doch Intention und Motivation des Kongresses dominierte, und dessen überaus bedrohliche Rückkehr aus Elba die Kompromiss- und Lösungsbereitschaft am Wiener Kongress drastisch förderte. Napoleon, ab 1804 selbstgekrönter französischer Kaiser, initiierte europaweit einen Modernisierungsschub, etablierte den aus der Philosophie der Aufklärung hervorgegangenen Code Civil, revolutionierte die Kriegsführung. Sein in jeder Hinsicht überdehnter Russlandfeldzug wurde ihm schließlich zum Verhängnis – ein Weg, der über die Völkerschlacht bei Leipzig, das Exil in Elba und die erneute Herrschaft der »Hundert Tage« in das historische Desaster von Waterloo und die endgültige Isolierung auf St. Helena führte.

Friedrich Wilhelm III.
(3. August 1770 – 7. Juni 1840)

Der Hohenzollern-König und Markgraf von Brandenburg war bis zu dessen Auflösung 1806 Kurfürst und Erzkämmerer des Heiligen Römischen Reiches. Er war von Napoleon gedemütigt worden, hatte im Kampf gegen die französischen Volksheere eine vernichtende Niederlage hinnehmen und die Hälfte seines Königreiches abtreten müssen, zudem waren 1812 bedeutende Truppenkontingente für Napoleons Invasion in Russland abzustellen. Am 16. März 1813 erklärte Preußen Frankreich den Krieg, Friedrich Wilhelm und Alexander waren auf Gedeih und Verderb als Verbündete aneinander gekettet. Der als charakterschwach beschriebene Preußenkönig vermochte am Wiener Kongress diese Konstellation zu nutzen und Preußen als Großmacht erneut zu etablieren.

Alexander I. (23. Dezember 1777 – 1. Dezember 1825)

Der russische Zar Alexander – wohl der bedeutendste, jedenfalls aber erfolgreichste historische Akteur am Wiener Kongress – hatte nach der Ermordung seines Vaters Paul I., in die er erheblich verwickelt war, mit 23 den Thron bestiegen. Seine ursprünglichen, von der europäischen Aufklärung stark beeinflussten Modernisierungsvorhaben wurden im Laufe der Zeit von einem spirituellen Schicksalsglauben überdeckt, am Kongress agierte er demgemäß in der Manier eines von Gott berufenen Befreiers und Erretters, ein anfänglich mit Metternich gepflogenes Vertrauensverhältnis schlug bald in offene Feindseligkeit um. Der Zar vermochte sich vor allem in der polnischen Frage durchzusetzen und die Grundlagen für eine russische Hegemonie in Osteuropa zu legen.

Katharina Pawlowna Bagration (7. Februar 1783 – 21. Mai 1857)

Die russische Fürstin und Großnichte von Zarin Katharina I. war eine außergewöhnliche Schönheit und, neben der schlesischen Herzogin Wilhemine von Sagan, Zentrum eines skandalumwitterten Beziehungsgeflechts. Sie machte ihren Salon zu einem der zentralen Orte informeller diplomatischer Kontakte und wurde, ob ihrer stets die Grenzen des Möglichen auslotenden Garderobe, auch »der nackte Engel« genannt. Die Liste ihrer Liebhaber war ebenso lange wie prominent und umfasste u. a. Prinz Karl von Bayern, Zar Alexander oder eben Metternich, mit dem sie eine Tochter, Clementine, hatte. Sie wurde zur Verkörperung eines für den Kongress überaus typischen Klimas, das Erotik, sexuelle Freizügigkeit, große Politik und permanente Überwachung ineinanderlaufen ließ.

Klemens Wenzel Lothar von Metternich (15. Mai 1773 – 11. Juni 1859)

Das Mastermind des Wiener Kongresses, Fürst Klemens Metternich, war Produkt wie Exponent der alten Welt – gebildet, genuss- und sinnenfroh, fundamental konservativ, eitel und selbstbezogen –, die Verkörperung der repressiven, reaktionären Mächte des Ancien Régime. Seine Widersacher waren sonder Zahl, besonders in der österreichischen Aristokratie. Zar Alexander sah ihn »in Österreich verachtet, von den Fremden gehasst.« Metternich stand für das unumschränkte monarchische Prinzip und bekämpfte das »Revolutionäre« aus innerster Überzeugung und mit den Mitteln des Polizeistaates. Schließlich gingen er und sein engster Vertrauter Friedrich von Gentz nur mehr von »Häresien« unterschiedlichster »Sekten« aus, die das gesamte europäische System zu zerstören drohten.

Wilhelm von Humboldt
(22. Juni 1767 – 8. April 1835)

Wilhelm von Humboldt, Staatsmann, Polyhistor und Schriftsteller war seit 1810 Preußens Gesandter in Wien. Am Kongress, der sich die Lösung der »Deutschen Frage« als eines seiner vorrangigen Ziele gesetzt hatte, kam ihm die zentrale Funktion eines Beraters des preußischen Kanzlers Fürst Hardenberg zu; er trat dabei vor allem mit seinen Expertisen zur inhaltlichen Gestaltung der Bundesakte hervor. Humboldt erwies sich als kompetenter wie schwieriger Verhandler, der das Geschehen in Wien häufig mit Verachtung und Zynismus quittierte. Eine liberale Grunddisposition, die auf Einlösung des Verfassungsversprechens Friedrich Wilhelms im Sinne einer konstitutionellen Monarchie abzielte, brachte ihn in unüberwindbaren Gegensatz zu Metternich.

Charles-Maurice de Talleyrand-Périgord (2. Februar 1754 – 17. Mai 1838)

Talleyrand, als Bischof begeisterter Revolutionär, wurde 1797 erstmals Außenminister und hatte sich, ebenso rechtzeitig wie loyal, Napoleon angeschlossen. Noch während der Herrschaft Napoleons begann er, die Restauration der Bourbonen zu betreiben. Talleyrand entwickelte sich zum Verfechter dynastischer Legitimität und Souveränität, womit er, sehr zum Vorteil des besiegten Frankreich, die Prinzipien des Wiener Kongresses in idealer Weise vertrat. Als er ein Scheitern der Verhandlungen in der polnischen und sächsischen Frage in letzter Sekunde verhindern konnte, galt er in der Öffentlichkeit als der bedeutendste in Wien anwesende Diplomat. Er steuerte den Kongress fortan auf die ihm eigene, indirekte Weise.

Franz II. / I.
(12. Februar 1768 – 2. März 1835)

Es stünde in seiner Macht, ließ Napoleon Kaiser Franz wissen, Österreich jederzeit zu vernichten: »Was Eure Majestät sind, sind Sie durch Unseren Willen.« In den Stürmen der Napoleonischen Kriege und im Gefolge der von Napoleon betriebenen Gründung des Rheinbundes war das Heilige Römische Reich 1806 zusammengebrochen – zu diesem Zeitpunkt, gemäß Metternich, weder Heilig, noch Römisch noch Reich. In seiner Abdankungserklärung vom 6. August 1806 hatte Franz II. die römisch-deutsche Kaiserkrone und das Reichsregiment niedergelegt, bereits 1804 aber den Titel eines erblichen Kaisers von Österreich (Franz I.) angenommen. Sein 1809 unternommener Feldzug zur Befreiung Deutschlands von der französischen Herrschaft endete im Debakel.

Adam Jerzy Czartoryski
(14. Jänner 1770 – 15. Juli 1861)

Der polnische Fürst Czartoryski war von 1804 bis 1806 Außenminister Zar Alexanders I. Er wurde zu dessen engem Freund und vertrautem Berater, der vor allem während des Wiener Kongresses großen Einfluss zu nehmen vermochte und als der effizienteste russische Unterhändler galt. Czartoryski hatte prinzipielle Überlegungen zum russischen Hegemonieanspruch über die slawischen Völker Europas formuliert, stieß allerdings – als vorgeblicher Freimaurer, polnischer Patriot, Philosemit und Aufklärer – in Moskauer Hofkreisen auf breites Misstrauen. Gleichwohl ist er der Autor der im Mai 1815 in Wien verkündeten Verfassung des an die Stelle des ehemaligen, von Napoleon geschaffenen Herzogtums Warschau getretenen Königreichs Polen.

Simón Bolívar
(24. Juli 1783 – 17. Dezember 1830)

Die spanische bürgerliche Revolution von 1820 zeitigte bemerkenswerte Fernwirkungen in Südamerika, wo sie markanten Einfluss auf nationale Befreiungsbewegungen und ländliche Guerilla nahm. Einer ihrer herausragenden Akteure, Simón Bolívar, entstammte einer venezolanischen Aristokratenfamilie spanischer Herkunft und hatte sich in Europa für die Schriften und Ideen der Aufklärung begeistert. Binnen nur drei Jahren war die spanische Kolonialherrschaft besiegt. Bolívar beruft 1826 in Panama einen am Wiener Beispiel orientierten Kongress der südamerikanischen Republiken ein, der ein verpflichtendes Regelwerk zur zwischenstaatlichen Konfliktlösung erarbeiten soll. Er wird mit dieser seiner letzten großen Vision scheitern.

Andrew Jackson
(15. März 1767 – 8. Juni 1845)

Der aus einfachen Verhältnissen stammende Sohn einer irischen Zuwandererfamilie war der siebente Präsident der Vereinigten Staaten (1829 – 1837). Zum Nationalhelden war er aufgestiegen, nachdem er die Briten in der Schlacht von New Orleans (8. Jänner 1812) entscheidend besiegt hatte, seine politische Karriere begann er als Senator und Militärgouverneur von Florida. In der von den Stimmen der städtischen Armut, der kleinen Farmer und der Frontiersmen getragenen Ära der Präsidentschaft des Begründers der Demokratischen Partei findet die europäische Rebellion der 1830er Jahre ihr radikaldemokratisches Pendant in Nordamerika: Die »Jacksonian Democracy« bringt in jeder Hinsicht die Interessen der neuen Immigranten zum Ausdruck.

B3 Die Schlussakte des Wiener Kongresses

Um die Schlussurkunde des Wiener Kongresses wurde lange gerungen – gab es doch kein Vorbild, auf das man sich hätte berufen können. Zu einzigartig war diese europäische Zusammenkunft in Wien, und zu vielfältig und gegensätzlich waren die Interessen der Teilnehmer.

Lange Zeit war man sich nicht einig geworden, ob die Ergebnisse des Kongresses in einer gemeinsamen Urkunde oder in zahlreichen Teilverträgen festgehalten werden sollten. Schließlich entschied man sich für ein einheitliches, gemeinsames Schlussdokument, dessen feierliche Ausführung dem Anlass angemessen war und das sämtliche Beschlüsse des Kongresses in sich aufnehmen konnte. Die 121 Artikel und 17 Beilagen wurden unter der Federführung von Friedrich von Gentz in französischer Sprache zu Papier gebracht und den Bevollmächtigten der acht unterzeichnenden Mächte zur Unterschrift vorgelegt. Lange Zeit stand auch die Frage im Raum, wer das Schlussdokument überhaupt unterzeichnen solle.

Letztendlich einigte man sich darauf, dass die Unterhändler der acht am Ersten Pariser Frieden beteiligten Mächte, nämlich Österreich, Frankreich, Großbritannien, Portugal, Preußen, Schweden, Spanien und Russland, ihre Unterschrift und ihr Siegel unter den Text setzen sollten. Jede Signatarmacht bekam ihr eigenes Exemplar – aber wie stand es um die vielen anderen Königreiche, Großherzogtümer, Herzogtümer, Fürstentümer und Städte, die von den Acht zum Beitritt zur Schlussakte eingeladen worden waren?

Für die »Nichtsignatare« wurde ein Exemplar des Vertrags, das so genannte Normalexemplar, in der Wiener Staatskanzlei aufgelegt, das von allen Bevollmächtigten eingesehen werden konnte. Der Text war zu umfangreich, um ihn für jede Beitrittsurkunde vollständig abzuschreiben. Es war daher viel praktikabler, sich in diesen auf das im Wiener Haus-, Hof- und Staatsarchiv hinterlegte Dokument zu berufen. Das Normalexemplar sollte allen beitretenden Mächten für Konsultationen zur Verfügung stehen. Dieses Dokument wurde erst nach dem Ende des Wiener Kongresses angefertigt – teilweise hatten die Bevollmächtigten im Vorhinein blanko gesiegelt und unterschrieben, teilweise wurden die Unterschriften nachträglich eingeholt. Am prachtvollen Einband, der in Paris angefertigt wurde, sind die Wappen aller acht unterzeichnenden Mächte zu sehen.

Die Schlussakte des Wiener Kongresses gehört seit 1997 zum Weltdokumentenerbe der UNESCO.

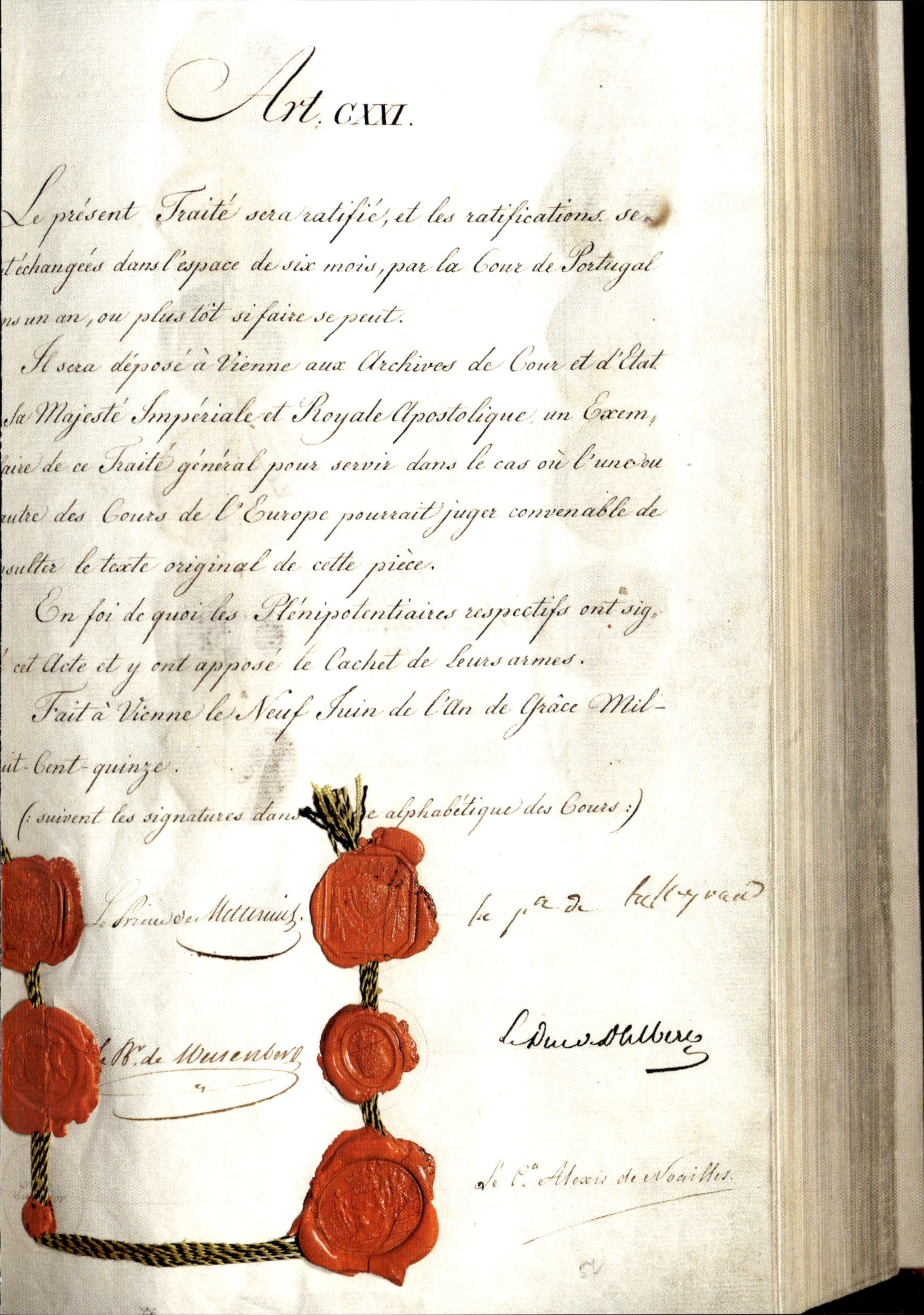
Art. CXXI.

Le présent Traité sera ratifié, et les ratifications se-
t échangées dans l'espace de six mois, par la Cour de Portugal
ns un an, ou plus tôt si faire se peut.
Il sera déposé à Vienne aux Archives de Cour et d'Etat
Sa Majesté Impériale et Royale Apostolique un Exem-
aire de ce Traité général pour servir dans le cas où l'une ou
utre des Cours de l'Europe pourrait juger convenable de
sulter le texte original de cette pièce.
En foi de quoi les Plénipotentiaires respectifs ont sig-
cet Acte et y ont apposé le Cachet de leurs armes.
Fait à Vienne le Neuf Juin de l'An de Grâce Mil-
ut-Cent-quinze.
(: suivent les signatures dans e alphabétique des Cours :)

Le Prince de Metternich.
Le Pce de Talleyrand
Le Bn de Wessenberg
Le Duc de Dalberg
Le Cte Alexis de Noailles.

Schlussakte des Wiener Kongresses (Normalexemplar), 9. Juni 1815, Wien

Signatur: Österreichisches Staatsarchiv, Haus-, Hof- und Staatsarchiv AUR 1815 VI 9

B4 Die großen Staatsverträge

Das Österreichische Staatsarchiv verwahrt als zentrales Archiv des Bundes die bedeutendsten Staatsdokumente der Republik und ist somit ohne Zweifel das Gedächtnis unseres Landes.

Osmanischer Vertrag 1562: Sultan Süleyman I. ratifiziert die Erneuerung des »Friedens« oder Waffenstillstands mit Kaiser Ferdinand I. (Ausschnitt)

Signatur: AT-OeStA/HHStA UR Türkische Urkunden 1562 VIII 2

Die im Österreichischen Staatsarchiv verwahrten Dokumente umfassen den Zeitraum von 816 bis in die Gegenwart. Dementsprechend unterliegen sie in ihren inneren und äußeren Merkmalen im Laufe der Zeit gewissen Änderungen, gleichzeitig aber bleiben manche Eigenheiten von staatlichen Dokumenten auch über Jahrhunderte hinweg gleich. Diese Urkunden sind Zeugnisse von Siegen und Niederlagen, von Untergang und Neubeginn. Nicht vergessen werden darf, dass sie auch Belege dafür sind, dass Politik in der Geschichte sehr oft auf dem Rücken von Millionen von Opfern gemacht wurde.

Die hier gezeigten Dokumente repräsentieren verschiedene Phasen der Geschichte Österreichs. All diese Verträge haben die Geschichte unseres Landes entscheidend geprägt. Die Erneuerung des Waffenstillstandes mit den Osmanen aus dem Jahr 1562 steht für die jahrhundertelange Auseinandersetzung mit dem osmanischen Reich, der Westfälische Friede von 1648 beendete die konfessionellen Kämpfe im Heiligen Römischen Reich und ebnete der Gegenreformation in Österreich endgültig den Weg. Gleichzeitig blieben die Bestimmungen des Westfälischen Friedens bis zum Ende des Reiches im Jahr 1806 gültig und definierten das Verhältnis der Reichsfürsten zum in Wien residierenden Kaiser. Das Staatsgrundgesetz von

1867 organisierte die Österreichisch-Ungarische Monarchie völlig neu; es garantierte beispielsweise die Unabhängigkeit der Justiz und begründete die Verwaltungsgerichtsbarkeit in Österreich. Der Vertrag von Saint-Germain reduzierte Österreich nach der Niederlage im Ersten Weltkrieg auf sein heutiges Staatsgebiet, verbot den Anschluss an Deutschland und bürdete dem neuen Staat die Staatsschuld der Vorkriegszeit und die Schulden der Kriegsanleihen auf. Organisiert wurde der neue Staat durch die im Jahr 1920 verabschiedete österreichische Bundesverfassung, die im Jahr 1929 novelliert wurde. Die oktroyierte Verfassung des österreichischen Ständestaates von 1934 definierte Österreich in ihrer Präambel als einen »christlichen, deutschen Bundesstaat auf ständischer Grundlage«. Der Staatsvertrag von 1955 brachte Österreich die Wiederherstellung seiner vollen staatlichen Souveränität und definierte in Artikel 5 die Staatsgrenzen Österreichs folgendermaßen: »Die Grenzen Österreichs sind jene, die am 1. Jänner 1938 bestanden haben«. Der Vertrag über den Beitritt zur Europäischen Union aus dem Jahr 1994 ließ Österreich endgültig am europäischen Integrationsprozess teilnehmen und sicherte so seinen Platz in Europa.

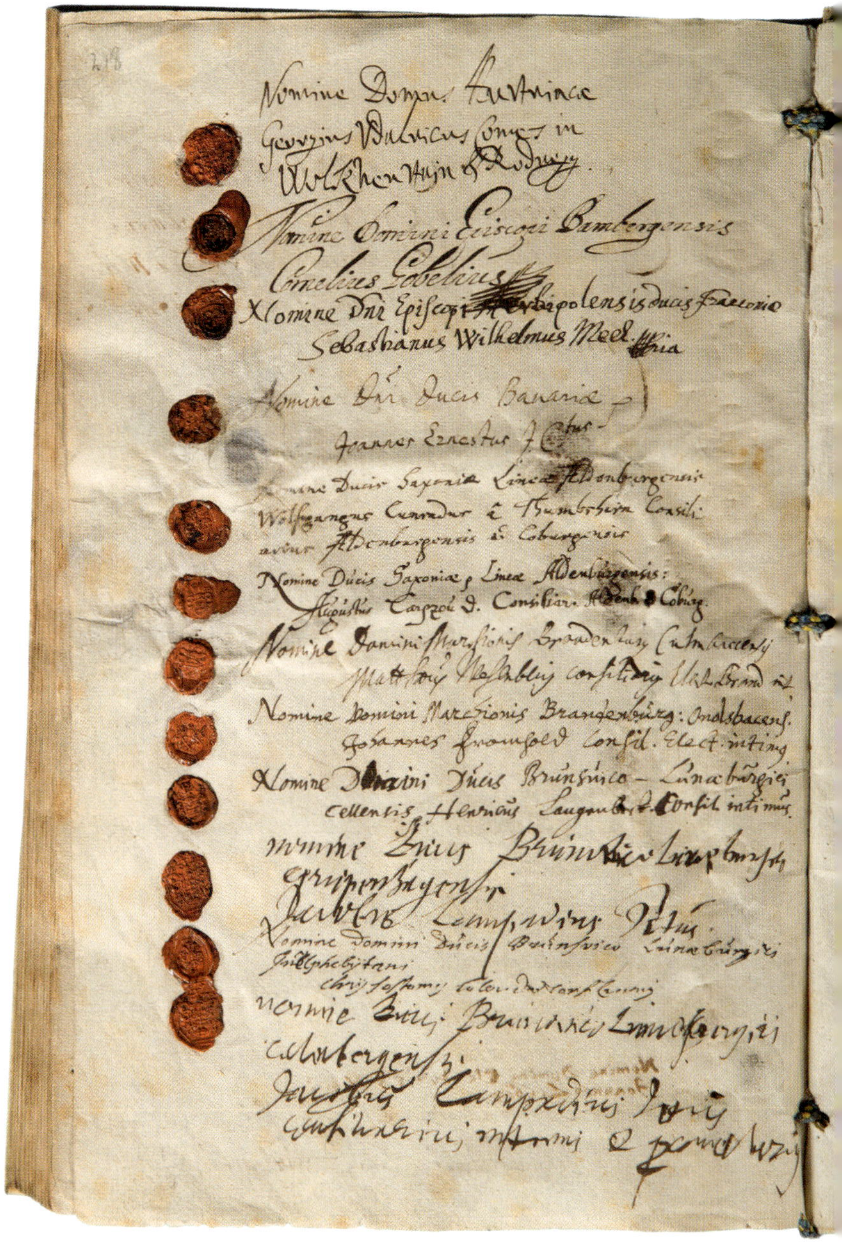

Münsteraner Vertrag des Westfälischen Friedens (Instrumentum Pacis Monasteriense). Die Westfälischen Friedensverträge, die am 24. Oktober 1648 nach mehr als vierjährigen Verhandlungen in Münster unterzeichnet wurden, markieren einen wichtigen Einschnitt der europäischen wie der Reichsgeschichte. Sie beendeten einen der längsten und verlustreichsten Kriege in Europa und regelten die wichtigsten seiner Streitpunkte.

Signatur: Österreichisches Staatsarchiv, Haus-, Hof- und Staatsarchiv AUR 1648 X 24

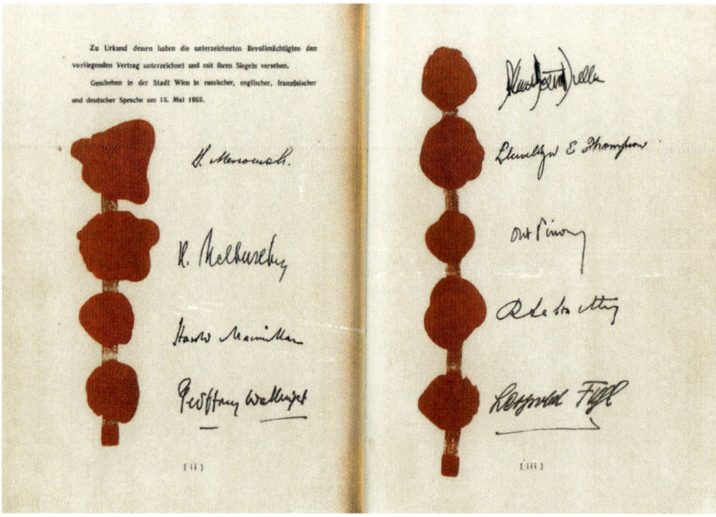
Zu Urkund dessen haben die unterzeichneten Bevollmächtigten den vorliegenden Vertrag unterzeichnet und mit ihren Siegeln versehen.

Geschehen in der Stadt Wien in russischer, englischer, französischer und deutscher Sprache am 15. Mai 1955.

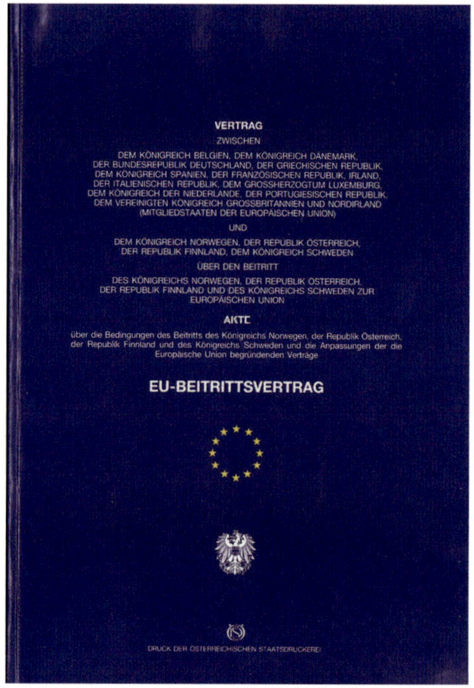

Der Staatsvertrag betreffend die Wiederherstellung eines unabhängigen und demokratischen Österreichs zwischen den Alliierten Mächten UdSSR, Großbritannien, USA und Frankreich einerseits sowie Österreich andererseits wurde am 15. Mai 1955 von den Außenministern der Signatarmächte sowie dem österreichischen Außenminister Figl im Schloss Belvedere in Wien unterzeichnet.

Signatur: Österreichisches Staatsarchiv, Archiv der Republik, Staatsurkunden, Urkundenreihe 2. Republik, 1955.05.15.

Das Original des österreichischen EU-Beitrittsvertrages wurde am 24. November 1994 in Rom hinterlegt. Rom ist seit Abschluss des Vertrages von Rom am 25. März 1957 Hinterlegungsort für alle Ratifikationsurkunden der EU-Verträge.

Signatur: Österreichisches Staatsarchiv Archiv der Republik, Staatsurkunden, Urkundenreihe 2. Republik, 1994.11.24

Der Vertrag von Saint-Germain-en-Laye zwischen Österreich und den 17 alliierten und assoziierten Mächten (USA, Großbritannien, Frankreich, Italien und Japan sowie Belgien, China, Kuba, Griechenland, Nicaragua, Panama, Polen, Portugal, Rumänien, der serbisch-kroatisch-slowenische Staat, Siam und die Tschechoslowakei) ist einer der Pariser Vorortverträge, die den Ersten Weltkrieg formal beendeten. Er regelt die Auflösung der österreichischen Reichshälfte Österreich-Ungarns sowie die Friedensbedingungen für den neuen Staat

Signatur: Österreichisches Staatsarchiv, Archiv der Republik, Staatsurkunden, Urkundenreihe 1. Republik, 1919.09.10

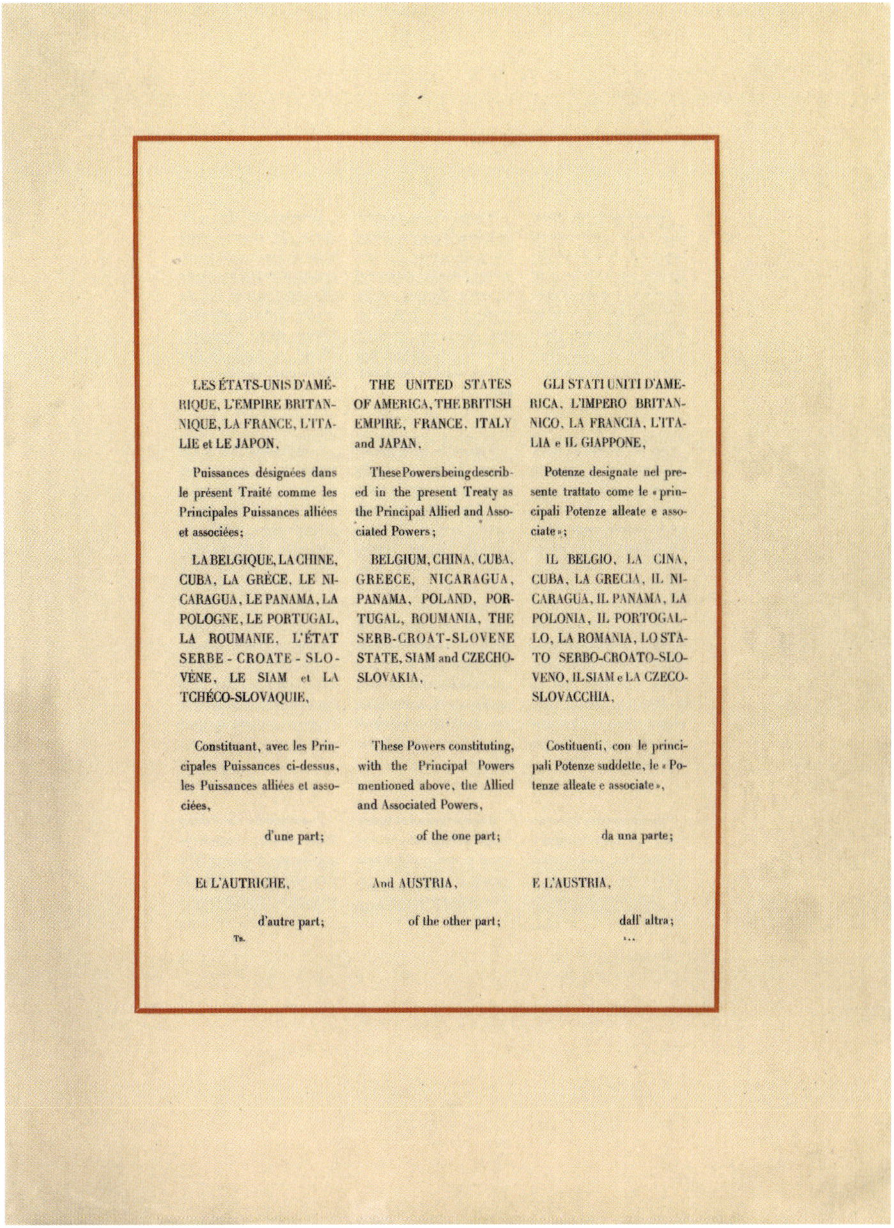

LES ÉTATS-UNIS D'AMÉRIQUE, L'EMPIRE BRITANNIQUE, LA FRANCE, L'ITALIE et LE JAPON,

Puissances désignées dans le présent Traité comme les Principales Puissances alliées et associées;

LA BELGIQUE, LA CHINE, CUBA, LA GRÈCE, LE NICARAGUA, LE PANAMA, LA POLOGNE, LE PORTUGAL, LA ROUMANIE, L'ÉTAT SERBE-CROATE-SLOVÈNE, LE SIAM et LA TCHÉCO-SLOVAQUIE,

Constituant, avec les Principales Puissances ci-dessus, les Puissances alliées et associées,

d'une part;

Et L'AUTRICHE,

d'autre part;

THE UNITED STATES OF AMERICA, THE BRITISH EMPIRE, FRANCE, ITALY and JAPAN,

These Powers being described in the present Treaty as the Principal Allied and Associated Powers;

BELGIUM, CHINA, CUBA, GREECE, NICARAGUA, PANAMA, POLAND, PORTUGAL, ROUMANIA, THE SERB-CROAT-SLOVENE STATE, SIAM and CZECHO-SLOVAKIA,

These Powers constituting, with the Principal Powers mentioned above, the Allied and Associated Powers,

of the one part;

And AUSTRIA,

of the other part;

GLI STATI UNITI D'AMERICA, L'IMPERO BRITANNICO, LA FRANCIA, L'ITALIA e IL GIAPPONE,

Potenze designate nel presente trattato come le «principali Potenze alleate e associate»;

IL BELGIO, LA CINA, CUBA, LA GRECIA, IL NICARAGUA, IL PANAMA, LA POLONIA, IL PORTOGALLO, LA ROMANIA, LO STATO SERBO-CROATO-SLOVENO, IL SIAM e LA CZECOSLOVACCHIA,

Costituenti, con le principali Potenze suddette, le «Potenze alleate e associate»,

da una parte;

E L'AUSTRIA,

dall' altra;

Mit Beiträgen von

Otto Biba, Gesellschaft der Musikfreunde in Wien
Michael Göbl, Österreichisches Staatsarchiv
Gerhard Gonsa, Österreichisches Staatsarchiv
Oliver Hanley, Österreichisches Filmmuseum
Hans Hoffer, Inszenierung
Thomas Just, Österreichisches Staatsarchiv
Kathrin Kininger, Österreichisches Staatsarchiv
Gerda Königsberger, Österreichisches Staatsarchiv
Dieter Lautner, Österreichisches Staatsarchiv
Brigitte Luggin, EU-Vertretung in Wien
Wolfgang Maderthaner, Österreichisches Staatsarchiv
Manfred Matzka, Bundeskanzleramt
Irmgard Pangerl, Österreichisches Staatsarchiv
Ernst Petritsch, Österreichisches Staatsarchiv
Maria Röhsner, Österreichisches Staatsarchiv
Brian Vick, Emory University, Atlanta

Bildnachweise

Bundeskanzleramt: 1, 35
F3-Dimko, Krischanz und Zeiller: 4, 34, 41
picturedesk.com: 7, 9, 14, 27, 38, 39
Wikimedia Commons: 8, 12, 39, 40 – 43 (Napoleon, Bagration, Franz I., Jackson)
Verein für Geschichte der Arbeiterbewegung: 23
Europäische Kommission: 24, 25, 26
Österreichisches Filmmuseum, Fotosammlung: 29
Gesellschaft der Musikfreunde in Wien: 31, 32, 33
Wien Museum: 36, 37, 40 – 43 (Castlereagh, Friedrich Wilhelm, Alexander, Humboldt, Talleyrand, Czartoryski, Bolívar)

Sponsoren & Partner

powered by PORR · MAGNA · SOBOLAK INTERNATIONAL · HOFBURG VIENNA · VOLKSBANK · BAWAG PSK

BIG BUNDESIMMOBILIENGESELLSCHAFT · Zeitung in der Schule · ÖSD Österreichische Staatsdruckerei · WIENER ZEITUNG · DYNAMIC PROJECTION INSTITUTE

ÖBB · Post · Raiffeisen Meine Bank · GENERALI · SPAR · ERSTE Group

österreichische LOTTERIEN · Hofburg Kaiserappartements Sisi Museum Silberkammer · WIENER STÄDTISCHE VIENNA INSURANCE GROUP · WIENER LINIEN · KURATORIUM SICHERES ÖSTERREICH · VÖZ

WKO WIRTSCHAFTSKAMMER ÖSTERREICH · REWE GROUP · voestalpine EINEN SCHRITT VORAUS · wüstenrot · KUNST HISTORISCHES MUSEUM WIEN · Boris Wilnitsky Fine Arts

HGM HEERESGESCHICHTLICHES MUSEUM · WIEN MUSEUM · WIEN KULTUR · Carl Gerold's Sohn Verlagsbuchhandlung · Europäische Kommission

filmakademiewien · film museum · GESELLSCHAFT DER MUSIKFREUNDE IN WIEN · APA PICTUREDESK · VGA

Übersichtsplan

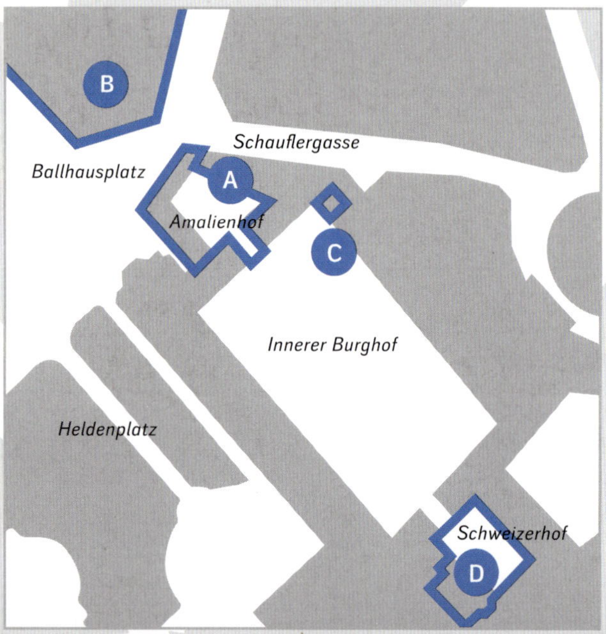